稲垣栄洋

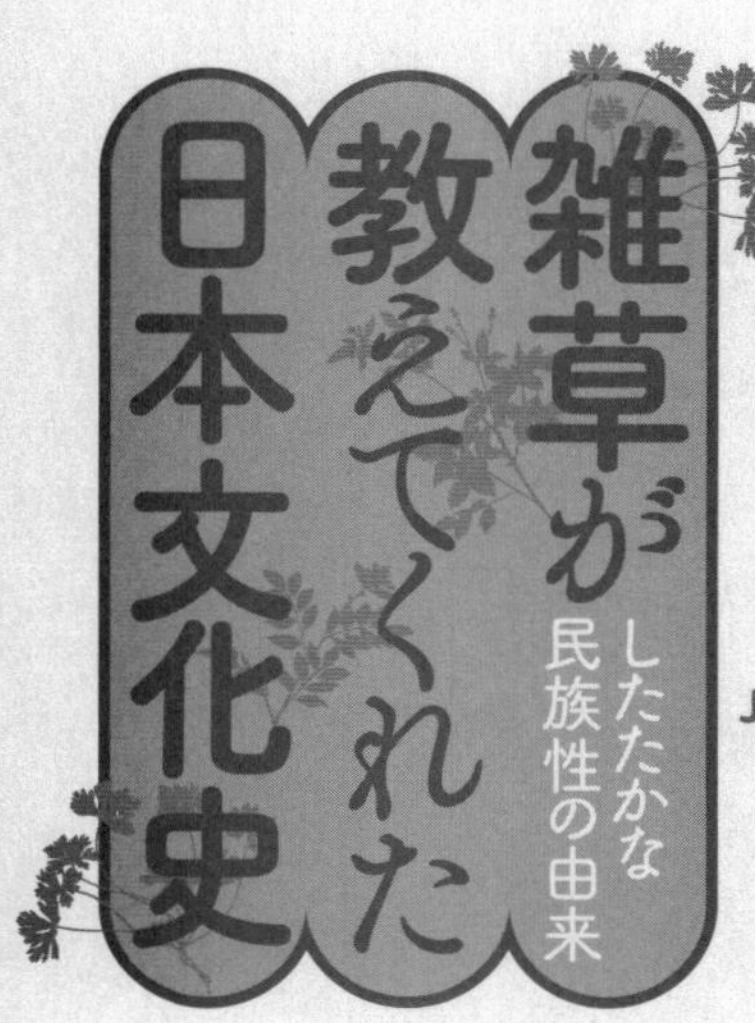

雑草が教えてくれた日本文化史

したたかな民族性の由来

Japanese Cultural History learned from Weeds

Origin of shrewd ethnicity

Inagaki Hidehiro

A&F

雑草が教えてくれた日本文化史

したたかな民族性の由来

プロローグ

私は「雑草学」を専門にしている。

そう言うと、「雑草学なんてあるんですか」「ずいぶんと変わった研究をされているんですね」などと言われることが多い。

農業生産を行う上で、深刻な問題となるのが、害虫、植物病害、雑草の三つである。日本には日本雑草学会という研究者の集まりがあって、千人以上の研究者が所属しているし、世界の国々にも雑草学会があって、世界中の研究者が日夜、雑草の研究に取り組んでいるのである。

ところが、害虫や植物病害の研究をしていると、「役に立つ研究ですね」と言われるのに、どういうわけか雑草だけは、「変わった研究ですね」と言われてしまうのである。

どうしてだろうか。

日本では、「雑草魂」という言葉がある。また、「雑草は、踏まれてもくじけない」と生き方の見本にされることも多い。そのためだろうか。おそらく、多くの人たちは「雑草学」という言葉を聞いたときに道ばたで踏まれながら頑張っている雑草を思い描いてしまう。そして、そんな雑草を研究しているなんて、ずいぶんと変わった人だと思ってしまうのである。

しかし、「雑草」という言葉に、このような反応をするのは、私が知る限りでは日本人だけである。

雑草は、農業を行う上で深刻な課題である。そのため、海外で「雑草学の研究をしている」と言えば、害虫や植物病理と同じように、農業にとって役に立つ研究だと受け入れられる。

「日本人は雑草が好きな国民である」

誤解を恐れずに言えば、私はそう思う。

海外の国々では、雑草は邪魔者である。

もちろん、日本でも雑草は邪魔者である。しかし、「雑草魂」のように、日本語では雑草を良い意味に使うのである。

小学校の卒業の寄せ書きには、必ず「雑草のように」と書く生徒がいると言う。あるいは、無名の努力家や、苦労人たちは「雑草のごとくたくましい」と称えられる。日本では、

「雑草のようなたくましさ」は良い意味で使われる。

「あなたは、雑草のような人ですね」と言われると、どこか褒められたような気になる。もちろん、「雑草」と言われて嫌な思いをする人もいるだろうが、「あなたは、温室育ちの人ですね」と言われるよりも、雑草と言われたい人の方が多いだろう。温室育ちの作物は、とても良い環境で大切に育てられたエリートの植物である。しかし、日本人はエリートであるよりも、雑草であることを好むのである。

しかし、「雑草」が褒め言葉に使われたり、「雑草」と呼ばれて喜ぶのは、私が知る限り日本人くらいのものだろう。

たとえば、英語の「ウィード（雑草）」という言葉には、良い意味はない。英語には「雑草は死なない（Weeds never die）」や「悪い雑草はすぐ伸びる（Ill weeds grow apace）」ということわざがあるが、これは「憎まれっ子世にはばかる」という意味である。

欧米人に「あなたは雑草のような人だ」と面と向かって言ったとしたら、間違いなく怒られることだろう。

そんな話を聞くと、欧米の雑草は生育が旺盛で、日本の雑草よりも厄介な存在なのではないかと思う人がいるかも知れない。しかし、実際は逆である。

日本では、草取りをサボればあっという間に、雑草だらけになってしまう。日本の雑草は、世界に比べてもずっと厄介な存在なのだ。

それなのに、どうして日本人は、雑草に愛着をもっているのか。

これが本書の大きなテーマである。

「雑草」という言葉に対する日本と欧米の考え方は、ずいぶんと異なる。

日本は、「西洋（ヨーロッパ）」や「米国」と比較されることが多い。西洋の文化や考え方は、日本とはずいぶん異なる。正反対と思えることも多い。そのため欧米と比べることによって、日本の特徴がより際立つのであろう。

もちろん、西洋（ヨーロッパ）と言っても、ものすごく広い。地中海に面した南ヨーロッパと、冷涼な北ヨーロッパとでは、気候や風土はずいぶん異なるし、ヨーロッパの中にもさまざまな国がある。また、「欧米」と一括り（ひとくく）にするが、ヨーロッパとアメリカでは、気質はずいぶん違う。

東洋やアジアと言っても、東南アジアや南アジアまで、広大であるし、東アジアの日本と中国、韓国を比較しても、さまざまである。

しかし、「日本」という国の特徴を明らかにする上では、ユーラシア大陸の反対側で発達を遂げて、キリスト教という基層の上に成立してきたヨーロッパと比較することは、非常にわかりやすい。また、グローバル化が言われているが、グローバル化は、ある意味では欧米の文化やルールを取り入れた欧米化であることも多い。そのため、世界と日本を比べる場合には、やはり欧米との比較という観点がわかりやすい。
そのため、本著でも西洋（ヨーロッパ）、欧米という大きな括りと、日本との比較をしていきたいと思う。

どうして日本人は、雑草を愛するのだろうか。
そして、雑草を愛する日本人とは、いったいどのような国民なのだろうか。
「雑草」という視点から、日本人を見てみることにしよう。

雑草が教えてくれた日本文化史

したたかな民族性の由来

目次

目次

第三章 雑草文化論

第一章

日本人は植物にさえ仏性を見る

東西でこれほど違う「雑草」観

日本の雑草は手ごわい

世界の人々は雑草を毛嫌いしている。

これに対して、日本では「雑草魂」などと言って、雑草に対してある種の憧れを抱いている。こう考えると、世界の雑草は日本の雑草よりも厄介な存在なのではないか。日本の雑草は小さくか弱いのではないか。そう考えるかも知れない。

しかし、実際にはそうではない。むしろ、その逆である。日本の雑草は世界の雑草と比べても、相当に厄介なのである。

日本の気候は降水量が多く、高温多湿であることで特徴づけられる。

この気温が高く湿度が高い気候は、雑草が成長するのに最適な環境である。日本では、数か月も放っておけば、草ぼうぼうになって、荒れ果てた感じになってしまう。

しかし、たとえばヨーロッパでは、少しばかり放置しておいても、雑草は伸びてこない。雑草が生えている場所であっても、ヨーロッパでは牧草地が広がっているから、遠目には草地と見分けがつかないくらいだ。

日本の雑草は、抜いても抜いても生えてきて、少しでも手を抜けば、生い茂ってしまう。相当に手ごわいのである。

ヨーロッパには雑草はない

和辻哲郎の著書『風土』の中に、「ヨーロッパには雑草はない」という言葉が出てくる。「雑草はない」と言い切ると、ずいぶんと乱暴な感じもする。

もちろん、彼がヨーロッパを知らなかったわけではない。それどころか、和辻哲郎は、ヨーロッパ留学中に丹念に自然や風土を観察した。その結果、たどりついた答えが「ヨーロッパには雑草はない」だったのである。

私も、まったく同感である。

日本では、農業を止めてしまった耕作放棄地が問題になっている。耕作放棄地は、遠目に見ても一目でわかる。美しく管理された田んぼや畑の中で、耕作放棄地は雑草が伸び放題になっている。数年も放っておけば、背丈を超えるような大きな雑草が生い茂り、やがては藪になってしまうのである。美観を損なうばかりか、害虫の発生源にもなる。最近では、雑草の生い茂った草むらはイノシシなどの野生動物の生息地にもなっていると言う。「田畑が荒れている」ことは、雑草が生えることによって目に見えてわかるのである。

ところが、ヨーロッパでは違う。

耕作放棄地というと日本の農業だけの問題に思われるかも知れないが、ヨーロッパでも耕作放棄地はある。

農業の経営規模を拡大していく中で、小さな畑は放置されて耕作放棄地となっているのである。

ところが、ヨーロッパでは、何年も放棄された耕作放棄地でも、管理されている草地と見分けがつかないくらい雑草が少ないのである。もちろん、雑草がないという言い方は正確ではない。ヨーロッパにも雑草はあるし、雑草防除も行われている。ただし、「Weedy（雑草のよう）」という英語には、「ひょろひょろしてひ弱そうな」という、日本語では、「もやしっ子」のような意味もある。

日本のように、あっと言う間に草ぼうぼうになるような雑草は、ヨーロッパにはないのである。

「芝生に入るな」の理由

日本の公園のきれいな芝生には、必ず「芝生に入るな」と書いてある。

しかし本来、芝生は入るための場所である。欧米の公園では芝生に座ってランチを食べたり、寝そべったりしている。これが本来の芝生である。それなのに、日本ではそれが許されないのである。

ただ、それも無理のない話ではある。高温多湿な日本は、もともと芝生が生えるのに適した気候ではない。それを無理やり生やしているのだから、養生しておかないと芝生が傷んでしまうのだ。

冷涼なヨーロッパでは、芝生のようにイネ科の植物が生えた草はらが、もともとの植生である。そんなイネ科の牧草を利用して牧場が拓かれている。

ゴルフやサッカー、クリケット、ホッケー、ポロなど、ヨーロッパ発祥のスポーツは、きれいな芝生のグラウンドで行われるが、これらも、もともとは自然にあった草はらで行われていたものだ。

ゴルフ発祥の地であるスコットランドのセント・アンドリューズは、歴史を重んじて、できるだけ人の手を加えない、あるがままの自然に近い状態でゴルフが行われるのが特徴である。しかし、あるがままの自然と言っても、放っておいても、ゴルフができるような草はらになる。これが、ヨーロッパの自然である。

英語では、雑草はウィードと呼び、このような草はらに生える植物はメドウと呼ぶ。つまり、ヨーロッパではメドウは多いけれど、ウィードと呼ばれる雑草は少ないのだ。もちろん、日本では、こんなのんきなことは言っていられない。放っておけば、すぐに雑草が生い茂ってしまう。ゴルフ場やサッカー場も、草取りに掛けるコストは相当のものだ。

ヨーロッパでは雑草は、農業をやるときに困るくらいのものだ。ところが、日本では家の庭から、道ばたから、空き地から、あらゆるところで草取りをしなければならない。日本は雑草と戦い続けなければならない国なのである。

雑草を育む環境

日本では、無駄遣いすることを「湯水のごとく使う」と言う。

日本では水は大量にある。タダ同然だ。もちろん、日本にも日照りや水不足はあるが、世界と比べれば比ではないだろう。世界では、食器を洗うのに水ではなく、砂を使う地域も少なくない。日本は水資源に恵まれているのである。

豊富な水をもたらしてくれるのが、雨だ。日本は雨の多い国である。

日本の降水量は年平均で一七〇〇ミリ。これは世界の平均降水量の二倍以上である。

日本にも水不足はないわけではないが、世界には乾燥地帯や砂漠地帯が多い中で、水資源に恵まれた国なのである。

日本は、モンスーンアジアという気候帯に分布している。モンスーンというのは季節風のことである。アジアの南のインド、東南アジアや中国南部から日本にかけては、モンスーンの影響を受けて、雨が多く降る。この地域をモンスーンアジアと呼んでいるのである。

五月ごろにアジア大陸が温められて低気圧が発生すると、インド洋の上空の高気圧から大陸に向かって風が吹き付ける。これがモンスーンである。モンスーンは、大陸のヒマラヤ山脈にぶつかると東に進路を変えていく。この湿ったモンスーンが雨を降らせていくのである。

そのため、アジア各地はこの時期に雨季となる。そして、日本列島では、梅雨になるのである。

こうして作られた高温多湿な夏の気候は、植物の成長に適している。また、豊富な水を使った稲作も行われる。高温多湿な気候は、雑草にとっても好都合である。そのため、日本では雑草がよく伸びるのである。

そして、冬になれば、大陸から北西の風が吹き付ける。大陸から吹いてきた風は、日本列島の山脈にぶつかって雲となり、日本海側に大量の雪を降らせる。大雪は、植物の生育に適しているとは言えないが、春になれば雪解け水が川へ流れ込み、潤沢な水で大地を潤す。

こうして、日本は世界でも稀な水の豊かな国土を有しているのである。

草取りこそ命

筆者がサラリーマンをしていたころ、「そんなことをしている暇があったら、草取りでもしていろ」と怒られたことがある。

もちろん、それは皮肉だったろうが、日本では、草取りが大切な作業である。

「ヨーロッパには雑草はない」と言った先述の和辻哲郎は、「日本の農業労働の中核をなすものは『草取り』である」と指摘している。

日本では、草取りという作業は、農業にとって多大な時間を費やす。いまでも農家のみなさんは、時間さえあれば草取りをしたり、畔の草刈りをする。

田んぼばかりか家の周囲や庭を草のない状態に保っていることが、美徳であり、雑草が生えた状態になっているとまるで怠け者であるかのように思われてしまう。

ハルジオンという雑草は、別名で「貧乏草」と呼ばれている。この雑草は放っておくとすぐに生えてくる。そしてハルジオンが生えた様子が、落ちぶれた家のように見えることからそう名付けられているのである。

また、「ぺんぺん草が生える」という表現もある。ぺんぺん草はナズナという雑草の別名だ。荒れ果てたり、廃（すた）れた土地はぺんぺん草が生える。その様子を表現しているのである。

働き者の家は雑草がない。そして、手を抜けば雑草が生えて、その様子は落ちぶれていたり、貧乏であると見られてしまう。だからこそ日本では、隣近所の目を気にしながら、競い合って草取りや草刈りに励まなければならないのである。

坊主を殺す草

冥土の賽の河原では、亡くなった子どもたちは泣きながら石を積み上げて塔を作るが、積み上げると鬼が現れて塔を崩してしまう。そして、子どもたちは泣きながら、何度も何度も、石を積み上げていくのである。

日本では雑草は抜いても抜いても生えてくる。それがわかっていても、雑草を抜き続けなければならない。

日本の草取りは、まさに賽の河原の子どもたちの苦行のように、つらく悲しい。

それにしても、日本人の草取りに対する執念は、狂信的である。雑草がない状態にするのが、こんなに難しい環境にあるのに、草がない状態を美徳としているのである。

日本では「小僧泣かせ」と呼ばれる雑草がある。

ツメクサやカタバミ、コニシキソウなどは、小さな雑草で草むしりが大変である。抜いても抜いても、抜ききることができない。つらい草むしりで小僧さんが、いつも泣かされていたことから、「小僧泣かせ」と呼ばれているのである。

さらには、「小僧殺し」と呼ばれる雑草もある。ジシバリと呼ばれる雑草は、タンポポによく似た花を咲かせる雑草だが、繁殖力が旺盛で、とても抜ききることはできない。そして、ついには過酷な草むしりのために、小僧さんを殺してしまうというのである。

何という恐ろしい雑草だろう。

しかし、小僧泣かせや小僧殺しと呼ばれているのは、とても小さくかわいらしい雑草である。この小さな雑草をきれいに抜こうと思えば、確かに大変だが、たとえ抜かなくても、何の支障もないようなものである。

そんな小さな雑草もきれいに抜かなければならないほど、日本人は草取りをすることに重きを置いていたのである。

草を見ずして草を取る

日本には「上農は草を見ずして草を取る」という言葉がある。優れた農家は、雑草が生えてくるより前に草を取るというのである。もちろん、実際に草が生えてくる前に草を取ることはできないが、それくらい頻繁に草取りをしたということなのだ。

この言葉は、「上農は草を見ずして草を取る、中農は草を見て草を取る、下農は草を見て草を取らず」と続く。中農、つまり普通の農家は雑草が生えてきたのを見て草を取る、そして、下農のダメな農家は雑草を見ても草取りをしないというのである。

草取りとは何と神経をつかう作業なのだろう。

この言葉は、もともとは中国の言葉で、「先を見て計画的に考えて行えば、効率良く農作業ができる」という教えであったと言われている。しかし、草取りを主な作業とする日本の農業にとって、「草が生える前に草を取る」ということは、日本人が受け入れやすい考え方であった。そして、勤勉な日本人たちは、この教えに従って、ひたすら草取りをしていたのである。

日本では、雑草が生えていない状態が「きれい」と言われる。

日本では雑草が生えないように、常に草取りをすることが勤勉の証しなのである。

日本には雑草はない？

先述の哲学者、和辻哲郎はヨーロッパ留学中に、「ヨーロッパには雑草はない」と驚いた。しかし、一方で明治時代に日本を訪れたヨーロッパの人々は、「日本には雑草はない」と驚いたと言う。

江戸時代の終わりに日本を訪れた植物学者のツュンベリーは「耕地には一本の雑草すら

見つけることができなかった」と驚愕している。また、明治時代に日本を旅行し、日本を世界に紹介したイザベラ・バードは「草ぼうぼうの怠け者の畑は日本には存在しない」と手入れの行き届いた日本の畑に驚嘆した。

つまり、和辻哲郎が述べた「雑草はない」は、「抜いても抜いても生えてくるような雑草はヨーロッパにはない」ということであり、ヨーロッパの人々の述べた「雑草はない」は、「日本ではきれいに草取りがされている」ことへの驚きだったのである。

取っても取っても雑草の生えてくる場所で、雑草がないようにするのは、不可能に近いことだし、それを求められることは、とても不合理なことに思える。

それなのに、どうして、日本のように雑草が厄介な場所で、きれいに雑草を取ることを美徳とするような価値観が育まれたのだろう。そして、ヨーロッパの人々が「雑草がない」と驚嘆するような美しい田畑が維持されてきたのだろう。

それは、日本の農業が集約農業であることが、深く関係している。

草取りにこだわる日本人の謎を紐解くために、日本の農業の特徴と歴史を見ていくことにしよう。

世界文明とイネ科植物

日本人は狩猟民族？

日本人の性格を語るときに、よく日本人は農耕民族であり、西洋の人々は狩猟民族であると特徴づけられて比較される。

だから土地を耕し続けた日本人は勤勉で内向的であるのに対して、獲物を求めて狩りに出掛けた西洋人は、行動的で外交的であると言うのである。

確かに日本人と欧米人の特徴をよく表しているようにも思えるが、考えてみれば、日本人も縄文時代以前は、狩猟採集の生活を行ってきたたし、欧米人も古くからムギやブドウを栽培してきた。

そもそも、農業が世界で最初に始まったのは、メソポタミアである。後にこの土地には西洋文明の起源であるメソポタミア文明が発達する。つまりは西洋文明発祥の地となるのである。そう考えれば、西洋人こそ先進的な農耕民族と言ってもいいかも知れない。そして、メソポタミア文明で農耕が始まったおよそ一万年前、日本は旧石器時代から縄文時代に差し掛かるころであった。日本人こそ、魚を獲り、ナウマンゾウを追いかける狩猟民族だったのである。

それなのに、どうして日本人は農耕民族と言われる国民性をもつようになったのだろうか。時代を一万年前に遡り、農業の曙と農業の歴史をたどってみることにしよう。

農業の始まり

農業の起源に思いを馳せてみたとき、農業はどのような場所で発展を遂げたと考えられるだろうか。

自然が豊かな場所で発展するだろうか、それとも自然の貧しいところで発展するだろうか。

恵まれた場所の方が、農業は発達しやすいと思うかも知れない。しかし、実際にはそうではない。自然が豊かな場所では、農業が発達しなくても十分に生きていくことができる。たとえば、森の果実や海の魚が豊富な南の島であれば、厳しい労働をしなくても食べていくことができる。

こんな笑い話がある。

南の島で人々はのんびりと暮らしている。外国からやってきたビジネスマンが、それを見て、どうしてもっと魚を獲って稼がないんだと尋ねる。逆にそんなに稼いでどうするんだと問う住民にビジネスマンは、こう答える。「南の島で、のんびり暮らすよ」。それを聞いた島の人々はこう言うのだ。「それなら、もうとっくにやっている」

農業というのは、重労働である。農業をしなくても暮らせるのであれば、その方が良いに決まっている。そのため、自然が豊かな場所では、農業は発展しにくいのだ。

しかし、自然の貧しいところでは違う。

農業は重労働ではあるが、農業を行うことで、食べ物のない場所に食べ物を作ることができる。食べ物が得られるのであれば、労働は苦ではない。農業による費用対効果は、自然の貧しいところでは劇的に増加するのだ。

砂漠に食糧はない。砂漠に水路を敷き、種子を播いて育てれば、革命的に食糧を得ることができる。

農業なしには食べていくことができない。しかし、重労働と引き換えとはいえ、農業をすれば食べていくことができる。農業は貧しい地域で止むにやまれず始まったのである。

それは牧畜から始まった

農業はどのようにして始まったのだろうか。

人類の進化は謎に包まれているが、人類は草地で進化をしたと推測されている。

人類の起源はアフリカ東部とされている。

地殻変動によってアフリカ大陸が、東西に分裂し、大地溝帯と呼ばれる巨大な谷ができると、湿った赤道西風が、大地溝帯によって遮られるようになった。そして、赤道西風が届かなくなった大地溝帯の東側では、乾燥が進み、豊かな森林が草原へと変化してしまったのである。こうした草原で、森の類人猿であった私たちの祖先は、人類へと進化をしていったと考えられている。

草原は食べ物が少ない。こんな厳しい環境で人類は進化を遂げていったのである。

森を出た人類は、逆境を乗り越え、さまざまな環境へと広がっていった。

二万年前から一万年前ごろになると、地球の気候が変化し、乾燥化や寒冷化が進むと、各地に分散していた人々は生活環境の良い場所を求めて川の周りに集まってきた。

そこで、多くの人々が生き抜くための術を身につけたのである。それが「農業」である。

農業の発祥の地であるメソポタミアで、最初に発達したのは家畜を飼養する牧畜であった。

狩りの対象であったウシやヤギなどの草食動物を、飼うことができれば、いつでも肉を手に入れることができる。また、生かして乳を搾れば栄養を摂ることができるのである。

現在でも、西洋では家畜を飼う畜産が盛んである。

しかし、私たちの食糧は、穀物や豆類、野菜などはすべて植物である。動物を食べなくても、植物を食べれば良さそうなものである。じつは、中東の草原では人類は植物を食べることができなかった。

それは、草原に生える植物の多くが、イネ科植物だったからである。

このイネ科植物をいかにして人類の食糧にするのか、これが人類にとっては非常に重要な命題であった。

それにしても、人類の運命を左右したイネ科植物とは、いったいどのような植物なのだろうか。まずは、イネ科植物の進化を遡ってみることにしよう。

イネ科植物の発達

今から一千万年前のことである。

地殻変動が活発になると山や谷などさまざまな地形が生まれ、それまで安定していた気候も変動するようになった。そして乾燥した大地も広がるようになったのである。

そんな乾燥地帯で進化をしたのはイネ科植物である。イネ科植物はユリ科植物から進化をしたとされている。

植物はもともと風で花粉を運ぶ風媒花から、効率良く昆虫に花粉を運ばせる虫媒花として進化をした。ユリ科の植物は、昆虫を呼び寄せるために美しい花を咲かせる。しかし、乾燥した大地では、花粉を運ぶ昆虫は少ない。そのため、イネ科の植物は花粉を風で飛ばす風媒花として再び進化を遂げたのである。草原は昆虫は少なくても風通しが良く、風が吹き抜けていく。昆虫に花粉を運ばせるよりも、風で一気に花粉を運ぶ方が効率的である。

現在でも、イネ科植物の中に花粉症の原因植物となっているものがあるのは、イネ科植物が風で花粉を運ぶ風媒花だからなのである。

イネ科植物は草原の環境で劇的に進化を遂げた。

深い森と異なり、植物が少なく、開けた草原では、草食動物は少ない植物を求めて餌にする。すると、植物は草食動物に食べられ放題になってしまうのである。

そこでイネ科植物は、茎や葉をケイ酸で固く守り、動物に食べられにくくしたのである。ケイ酸はガラスの原料にもなるような硬い物質である。

さらに、イネ科植物は葉の栄養価を低くして、エサとして魅力のないものにした。

食害を防ぐのであれば、毒となる物質を作れば良いのではないかと思うかも知れない。実際に、そうやって身を守る有毒植物もある。しかし、毒成分を作り出すのにはそれなりに栄養分を必要とする。栄養分の少ないやせた草原で毒成分を生産するのは簡単ではない。また、毒に対して生物は抵抗性を発達させるので、毒で守ってもいずれそれを解毒する能力のある生物に食べられてしまう。

そこで、栄養価の少ない厳しい環境を逆手に取って、さらに栄養の少ない葉を作り出したのである。

イネ科植物の大工夫

イネ科植物の工夫はこれに留まらない。イネ科植物は、さらに革命的な進化を遂げたのだ。

一般の植物は、成長点が茎の先端にある。こうして新しい細胞を積み上げながら、上へ上へと伸びていくのである。ところが、このやり方では茎の先端を食べられると大切な成長点が食べられてしまうことになる。

そこでイネ科の植物は、成長点を低くする適応を遂げた。イネ科植物の成長点があるのは、地面の際である。そしてイネ科植物は、茎を伸ばすことなく、株元に成長点を保ちながら、そこから上へ上へと葉を押し上げるのである。これならば、いくら食べられても、葉っぱの先端を食べられるだけで、成長点が傷つくことはない。

ただし、この成長方法は重大な問題がある。

上へ上へと積み上げていく方法であれば、細胞分裂をしながら自由に枝を増やして葉を茂らせることができる。しかし、作り上げた葉を下から上へと押し上げていく方法では、後から葉の数を増やすことができないのだ。

そこで、イネ科植物は株元で茎を増やしながら、葉を押し上げる成長点の数を増やしていく方法を編み出した。これが「分げつ」と呼ばれるものである。

こうして、イネ科植物は地面の際から葉がたくさん出たような株を作るのである。

このようにイネ科は、固くて栄養価のない葉や、低い成長点を発達させた。しかし、草食動物も食べなければ生きていけない。そこで、ウシやウマなどの草食動物の祖先は、栄養価の少ない葉を体内で発酵させて栄養価を得るように進化を遂げていく。こうして草原では、イネ科植物と草食動物の共進化が起こっていくのである。

イネ科の種子が人類を救った

草食動物は、イネ科植物を餌にするように進化を遂げたものの、固くて栄養価の低いイネ科植物は、人類にとっては食糧にすることのできない役に立たない植物であった。人類は火を使うことはできるが、何しろイネ科植物の葉は固くて、煮ても焼いても食べることができないのだ。

しかし、どうだろう。

現在、イネやコムギ、トウモロコシなど、人間の主要な食糧となっているのは、イネ科植物である。

イネ科植物は茎や葉は固くて栄養がないので食べられないが、種子は豊富な栄養があるのである。イネ科植物の種子は、主に炭水化物を蓄積している。この炭水化物は、種子が発芽をするためのエネルギーを生み出す栄養分である。

種子の中には、炭水化物以外にもたんぱく質や脂質を栄養源としてもつものがある。たんぱく質は、植物の体を作るための栄養分である。脂質は炭水化物と同じように発芽のためのエネルギーであるが、炭水化物に比べると莫大なエネルギーを生み出すという特徴がある。脂質をたくさん含みコーン油の原料となるトウモロコシは成長量が大きいし、同じように油を搾るゴマやナタネの種子は小さい種子で発芽のエネルギーを蓄えているのである。

ところが、イネやムギの種子は、たんぱく質や脂質が少なく、ほとんどが炭水化物なのである。それはなぜだろう。

たんぱく質は植物の体を作る基本的な物質だから、種子だけではなく、親の植物にとっても重要な食物である。また、脂質はエネルギー量が大きい代わりに、脂質を作り出すときにはエネルギーを必要とする。つまり、たんぱく質や脂質を種子にもたせるためには、親の植物に余裕がないとダメなのだ。

厳しい草原に生きるイネやムギにそんな余裕はない。そのため、光合成をすればすぐに得ることができる炭水化物をそのまま種子に蓄え、芽生えは炭水化物をそのままエネルギー源として成長するというシンプルなライフスタイルを作り上げたのである。

それに、草原は、大型の植物と競争して伸びる必要もないし、むしろ大きくなっても、草食動物の餌食になるだけである。そのため、種子にたんぱく質を蓄えたり、エネルギー量の大きい脂質を蓄える必要もなかったのである。

こうして、イネやムギは種子に炭水化物を蓄えるようになった。この炭水化物こそが、人類にとって、重要な食糧となったのである。

下に落ちない種子の大発見

しかし、である。

人類が、イネ科植物の種子を簡単に食糧にすることができたかと言えば、そんなことはない。

イネ科植物の種子を食糧とするのは簡単ではない。

何しろ植物の種子は小さい。植物の種子を何万粒、何十万粒と集めるのは簡単なことではないのだ。

コムギの祖先種と呼ばれるのが、「ヒトツブコムギ」という植物である。

野生のムギと、栽培されているムギを比べた場合、人間にとって、もっとも重要な性質は何だろうか。

それは、味や収量ではない。種子が落ちないということである。

野生の植物は、子孫を残すために、種子をばらまく。しかし、土の中にばらまかれた種子を拾い集めることは大変である。しかし、栽培されているムギは、熟してもすぐには種子が落ちない。だから、収穫して種子を集めることができるのである。

種子が落ちる性質を「脱粒性」と言う。自分の力で種子を散布する野生植物にとって、脱粒性はとても大切な性質である。しかし、わずかな確率で、種子の落ちない「非脱粒性」という性質をもつ突然変異が起こることがある。

種子が熟しても地面に落ちないと、自然界では子孫を残すことができない。そのため、「非脱粒性」という性質は、植物にとって致命的な欠陥である。

ところが、この性質は人類にとっては、ものすごく価値のあるものである。種子がそのまま残っていれば、収穫して食糧にすることができる。また、その種子を播いて育てれば、種子の落ちない性質のムギを増やしていくことができるのである。

そしてあるとき、私たちの祖先は、この突然変異の株を見出したのである。

種子の落ちない非脱粒性の突然変異の発見。これこそが、人類の農業の始まりである。これは人類の歴史にとって、革命的な出来事だったと言っていいだろう。

こうして人類は、イネ科植物を得ることによって、農耕を発達させ、ついには文明を発達させていくのである。不思議なことに、文明の発祥地には、必ず重要な栽培植物がある。たとえば、エジプト文明やメソポタミア文明の発祥地はムギ類の起源地でもある。インダス文明の発祥地はイネの起源地である。また、中国文明の発祥地はダイズの起源地である。中米のマヤ文明やアステカ文明にはトウモロコシがあるし、南米のインカ文明にはジャガイモがある。

栽培植物があったから、文明が発達したのか、文明が発達したから、栽培植物が発達したのかは定かではないが、人間の文明の発達は、作物の発達と無関係ではなかったのである。

種子は保存が利く

農業が生み出すのは、単に食糧だけではない。

種子は食べるだけでなく、保存をしておけば翌年の農業の素となる。この保存できる種子は、人類にさらなるものをもたらした。

「富」である。

人間の胃袋というものは大きさが決まっているから、一人が食べられる量には限度がある。大食漢の人も小食の人もいるだろうが、人間一人が食べる量に、そんなに差があるわけではない。どんなに欲深い人も、お腹いっぱいになれば、それ以上食べることができないのである。

一人で大きな獲物を手に入れたとしても、とても食べ切れるものではない。欲張って独り占めしようとしても、腐らせてしまうだけである。

それならば、たくさん獲れたときには、人に分け与え、他人がたくさん獲ったときには、分けてもらった方がいい。冷蔵庫のない大昔は、食糧は保存しておくことができないのだから、みんなで分かち合った方がいいし、その方が、安定的に食べていくことができるのである。

どんなに強い人も、どんなに偉い人も胃袋の大きさは同じであり、食べることのできる量は同じである。食糧の前では人々は平等なのだ。

しかし、植物の種子は取って置くことができる。

植物の種子は、生育が良い条件になるまで、植物が時期を待つためのものである。つまりは、タイムカプセルのようなものだ。だから、植物の種子はすぐには腐らない。ずっと眠りつづけたまま、腐ることなく生き続ける。それが種子である。

この種子の特徴は、人間にとっても都合が良い。

植物の種子は、そのときに食べなくても、将来の収穫を約束してくれるものである。保存できるものだから、たくさん持っていても困るものではない。

保存できるということは、分け与えることもできる。つまり、種子は単なる食糧に留まらない。それは、財産であり、分配できる富でもあるのである。

そして富が生まれた

種子という保存食を得て、農業は貧しい地域で発達をした。しかし、それは富や権力をもたらす。こうして、農業を行うことによって、人類はそれまでにない強大な力をもつようになる。

胃袋が食べる量には限界があるが、農業によって得られる富と権力には歯止めがない。

農業をすればするほど、人々は富を得て、力を増していった。そして、富を得れば得るほど、人々はさらに富を求めて、農業を行っていった。

C・タッジは『農業は人類の原罪である』（竹内久美子訳、新潮社）という著書の中でこう述べている（本文の要約を掲げる）。

「農業は、環境を操作し、作り出される食物の量を増やす。人口の増加に、より拍車がかかる。農業は、労力をかければそれだけの見返りがあるので、これらの過程はいよいよもって加速されていく。農業はあまり楽しくないものかもしれないが、ひとたび規模が拡大すると、もう後戻りはできなくなる。農業によって環境を破壊し、多くの大型動物を絶滅に追いやった。我々は農業という罪を負うことで成立した。しかし、いったん始めたらやめようがないのも農業の厄介な点。その意味で我々は未来永劫にわたり、原罪から逃れることができないだろう……」

農業は、このような麻薬である。

こうなるともう、後戻りはできない。

農業は多大な労力を必要とする。しかし、一度、農業を知ってしまった人類に、農業をやめるという選択肢はない。もはや誰も止めることができないのだ。

こうして、農業によって人類は人口を増やし、権力が集まった村を作り出し、村を集めて強大な国を作るようになる。

そして、農業の魔力によって、人類は人類となっていくのである。

東日本にイネが広がらなかった理由

ついに、と言うべきか。やがて辺境の国である日本にも、農業がもたらされることになる。

日本に農業がもたらされたのは、縄文時代のことである。もっとも、当時、狩猟採集を基礎として、小規模な作物栽培を行ったり、サトイモなどを植えて、放任しておく半栽培が行われるくらいで、およそ農業と呼べるものではなかった。やがて、縄文時代の中期になると焼き畑などの原始的な農業が行われるようになった。本格的な農業と呼べるものは、縄文時代の後期から弥生時代にかけて稲作が日本に伝来してからのことである。

狩猟採集に頼っていた旧石器時代は貧しい時代であり、農業が定着した弥生時代は豊かな時代であるというイメージがある。しかし、実際はそうではない。

農業は食糧を得るために、多大な労力を必要とする。

狩猟採集で労力なく食糧を得ることができるのであれば、わざわざ苦労をして農業などする必要はなかったのだ。そのため、日本に農業が伝わっても、日本に住んでいるすべての人々が、すぐに喜んで農業を始めたわけではなかった。

本格的な農業である稲作が大陸から九州北部に伝えられたのは、縄文時代後期のことである。その後、稲作は急速に広がり、わずか半世紀の間に東海地方の西部にまで伝わったとされている。しかし、そこから東側には、なかなか広がっていかなかったのである。

なぜか。

縄文時代中期の一〇〇キロ平方メートルの人口密度は、西日本ではわずか一〇人未満であったのに対して、東日本では、その数十倍の一〇〇～三〇〇人であったと推計されている。いまより温暖で豊かな落葉樹林が広がる東日本は、大勢の人口を養うのに十分な食糧があったのである。人口を支える食糧が不足する西日本では稲作は急速に広がったが、十分な食糧がある地域では、労働を伴う農業は受け入れられなかったのだ。

稲作と軍事力

農業は重労働を伴う。重労働をしなくても、食べていくことができるのであれば、その方がずっと良い。そのため、日本でも自然の豊かな地域では、農業はすぐには広まらなかったのである。

しかし、縄文時代から弥生時代にかけて、ゆっくりと時間を掛けながら、しかし確実に農業は広がっていった。

どうして、食糧の豊かな地域でも農業を受け入れたのだろうか。

農業によって人々が得たものは、単に食糧だけではなかった。

狩猟民族の世界では貧富の格差は起こりにくい。獲物を大量に獲っても、一人が食べることのできる量は決まっている。そのため、食べきれない分は仲間と分配するしかない。しかし、農業によって得られる穀物は、食べきれなくても貯蔵することができる。貯蔵できる食糧は「富」となる。こうして富をもつ人が現れ、貧富の格差が生まれるのである。

富をもつ人は権力をもち、人々を集め、国力を高めていく。

また、農業を行うためには、水を引く灌漑の技術や、農耕のための道具が必要である。そのため、さまざまな技術が発展をしたのである。これらの技術は、戦うために砦を作ったり、武器を作る技術にもなる。

お腹いっぱいになれば満たされる食糧と異なり、「富」は、蓄積することもできれば、奪い合うこともできる。攻めては富を得ることもできるし、攻められれば富を奪われることもある。こうして、農業を行う人々は、競い合って技術を発展させ、強い国づくりを行っていったのである。

農業は「富」を生み出し、強い「国」を生み出した。そして、技術に優れた農耕民族は武力で狩猟採集の民族を制圧することができるようになったのである。

稲作が広がったいくつかの理由

イネは、他の穀類と比べても、収量が多い。収量が多ければ、それだけ米が蓄えられ、富が蓄積される。

そして、稲作は、米だけでなく、青銅器や鉄器といった、最先端の技術をもたらした。こうした先端の技術が人々を魅了し、稲作は受け入れられていったのだろうと思われる。

また、稲作に用いる土木技術や鉄器は、戦になれば軍事力となる。時には、稲作を行う集団が武力で、稲作を行わない集団を圧倒していったこともあったことだろう。

さらに、メソポタミア文明でもそうであったように、気候の変化は、人々が農業を選択する引き金となった。

約四千年前の縄文時代の後期になると、次第に気温が下がり始めた。東日本の豊かな自然が大きく変化をするようになったことが農業の始まりに影響を与えたことも指摘されている。東日本は、豊かな食糧に支えられて人口密度が高かったから、食糧の不足は切実な問題となったことだろう。

こうして、時間を掛けながら日本人は稲作を受け入れていった。

そして、安定した食糧と引き換えに、農業という労働を行うようになり、それはやがて富の不平等を産み、力の差を生み、国が形作られるというように日本の歴史が始まるのである。

神宿る自然

崇敬と脅威の源泉

自然信仰がいまに残る

日本人は正月には神社にお参りするが、そのわずか一週間前には、キリストの誕生日であるクリスマスを盛大に祝うし、お寺に除夜の鐘を撞きに行く。

生まれたときには、神社に初参りをするが、教会で結婚式を挙げて、葬式はお寺でする。

その節操のなさから、日本人は無宗教であると言われるが、そんなことはない。

日本にも、神さまがいる。それも八百万（やおよろず）の神さまと呼ばれる神さまだ。

森にも田んぼにも神さまがいて、家にも神さまがいた。台所にも神さまがいて、現在でも「トイレの神さま」という言葉があるくらいだ。

だから、キリスト教の神が一人くらい増えても、何ということはなかったし、かつて仏教が伝来したときも、大勢の仏さまたちを苦もなく受け入れることができたのだ。

ユダヤ教に由来するキリスト教やイスラム教は絶対神を信仰する一神教である。

これに対して、仏教や日本の神道にはさまざまな神さまがいて、それら複数の神を信ずるのが多神教である。日本は、多神教であると言われる。しかし、多神教どころではない。日本には神社や仏閣だけでなく、台所にもトイレにも神さまがいる。川にも田んぼにも神さまがいる。

このような万物に霊が宿るというのは、アニミズムと呼ばれる自然信仰である。

アニミズムのような自然信仰は世界中で見られるが、一般的には、文明が発達し、社会が成熟していく中で、キリスト教や仏教のような洗練された宗教に置き換わっていくのが一般的である。

たとえば、ヨーロッパでももともとはケルト人の信仰のように、森の精霊を崇める土着の宗教が見られた。しかし、やがてはキリスト教に置き換わっていくのである。

また、インドでもバラモン教も自然神を崇拝する宗教であるが、より思想が整理された仏教やヒンドゥー教へと発達を遂げていく。近代では、アメリカ大陸やアフリカ大陸で多神教を信仰していた先住民たちも、キリスト教へと変わっていった。

このように自然崇拝は、原始的な宗教であり、アニミズムは文明の未発達な地域に残っているというイメージがある。

ところが、日本は不思議である。

日本は先進国と呼ばれる国でありながら、アニミズム的な思考が根強く残っているのである。これは、世界でも珍しいケースである。

神はどこにいる?

深い森の中を歩いているとき、何か気配を感じることはないだろうか。誰もいない森の中で、孤独に植物の調査をしていると、私は、森のどこかから、誰かに見られている感じがすることがある。

この気配は、どこから来るのだろうか。

周りの木々や風に揺れる草花や、大きな石に気配を感じることもある。昔の人は、この感覚を神と感じたのかも知れない。おそらくは、これが、ありとあらゆるものに宿る八百万の神である。

それでは、砂漠を彷徨（さまよ）うとき、人はどこに神を感じるだろうか。

「神さま、お水をください」と天を仰ぐことだろう。そして、願いが通じて雨が降れば、天の神に感謝をすることだろう。

日本のように自然が豊かな場所では、人はありとあらゆる場所に神を感じる。もっとも日本だけでなく、古代の宗教は、自然への恐れや敬いから成っていた。そのため、古代宗教は、多神教であることが多い。日本の八百万の神に見るように、多神教の神々は私たち人間と同じように、自然の恵みを享受し、自然の中で生きている。そしてときには私たちと同じように喜怒哀楽を見せる親しみのある存在なのである。

一方、砂漠のような乾燥地では、天の神に救いを求める。これが、おそらくは一神教の起源である。自然が豊かな場所では、自然そのものが恵みであり、神であるが、砂漠地帯のような自然の恵みが少ない場所では、自然を克服することが恵みとなる。そして、自然を克服する人間を助けてくれる存在が神なのである。

神は「自然の恵み」を司るものではなく、「人間の技」の象徴なのだ。そして、人間の技を超えた超人的な全知全能の神の存在を信じたくなるのである。

すべては神が創った

現在、世界でもっとも信仰されているのはキリスト教であろう。

このキリスト教の基礎となったのがユダヤ教である。ユダヤ教では、世界の始まりは要約すると次のように記されている。

一日目　暗闇がある中、神は光を創り、昼と夜ができた。
二日目　神は天を創った。
三日目　神は大地を創り、海が生まれ、地に植物を生えさせた。
四日目　神は太陽と月と星を創った。
五日目　神は魚と鳥を創った。
六日目　神は獣と家畜を創り、神に似せた人を創った。
七日目　神は休んだ。

これが『旧約聖書』の創世記に書かれた天地創造である。

だから、キリスト教では、神と同じく六日間働き、七日目の日曜日に休むようになっているのである。

こうして、キリスト教では、すべての世界は神が作った。そして、神は世界の創造主として人間を作り出したとされている。

それでは、日本では世界はどのように創られたと言われているのだろう。

日本で最古の書物である『古事記』に記された国生みの物語では、イザナミノミコトとイザナギノミコトという二人の神が天の橋に立ち、矛で混沌をかき混ぜる。こうして、できた島が日本の始まりである。つまり、日本は混沌から生まれたのである。

そう言えば、日本人はあいまいであるとよく揶揄されるが、創世の混沌を引きずっていると思えば納得がいく。

あいまいな日本に対して、キリスト教は明快だ。

『新約聖書』では、「はじめに言葉ありき。言葉は神と共にあり、言葉は神であった。言葉は神と共にあった。万物は言葉によって成り、言葉によらず成ったものはひとつもなかった」と記されている。

つまり、世界が創られたときに、世の中はすでに「論理的」であり、「言葉で説明されるべきもの」であったのだ。日本人のような、「あいまい」で「言葉で表されないもの」を大切にする気質とはすでに相容れないのである。

言葉によって真実は論理的に説明され、それを受け入れて西洋の人々は神と契約を結ぶ。ユダヤ教やキリスト教の聖書は、神の教えに従えば、天国に導かれるという神と人間との契約である。こうして、世界の始まりが契約によって行われたのである。まさに、根っからの契約社会である。

かまどの神、トイレの神

多神教の日本では、たくさんの神さまがいる。

神さまは自然を超越したものではない。確かに人間とは異なり、人間の能力を超える存在ではあるが、人間と同じ自然の一員としてそこにいる。

かまどの神さまは、火事にならないように、家を守っているが、ただ、それだけのことだ。世界を救うようなことはない。トイレの神さまは、トイレからやってくる悪霊を防いでくれるが、それだけのことだ。守っているのはトイレのみである。

お地蔵様は、私たちを救ってくださる存在だが、昔話では、子どもの姿に身を変えて、田植えや農作業を手伝ってくれる。また、有名な昔話の「笠地蔵」では、年越しに必要なお餅やお飾りを持ってきてくれる。しかし、天地を創った一神教の神に比べるとスケールが小さい。そして、時には、「神も仏もない」という異常事態も起こるのだ。

それどころか、日本の神さまは、怒って祟ることもあるから難しい。

西洋では悪さをするのは、悪魔か悪霊か怪物と決まっている。ところが、日本では、祀ってあるはずの神さまが祟りを起こすのである。

日本では怨霊を鎮めるために、祀って神とする。祀られた神は、人々を守る存在となるが、この神が、ときには荒ぶる神となって天災を起こしたり、人々に災いをもたらすのである。

だから、神さまのご機嫌を取ったり、神さまを喜ばせるような祭りをするのである。

土地に向かって礼をする

高校野球では、グラウンドに入るときに帽子を取って一礼をする。

野球部だけではない。バレー部やバスケット部では、体育館に入るときに一礼をする。場所に感謝をする。これは日本人の自然な気持ちである。

対戦する相手に敬意を払って礼をするのは、わかる。審判や、応援してくれる人に対して礼をするのもわかる。しかし、日本人は、誰もいない場所に礼をするのである。

柔道や剣道などの、日本古来の武道でも、道場に入るときには礼をする。

柔道場や剣道場には、神棚が飾ってあるから、神さまに向かって礼をするつもりで入場する。その精神が、おそらく他のスポーツにも広がったのだろうと思われる。

われわれには退職して職場を去るときに、誰もいないオフィスに対して、頭を下げる気持ちは、よくわかる。

何しろ、日本にはありとあらゆる場所に神さまがいるのだ。それに慣れているので、神さまのいなさそうな場所にも、お世話になったという意味で頭を下げるのである。

日本では、家や建物を作るときに、「地鎮祭」を行う。その土地を利用することを神さまにお願いするのである。

日本では、神さまは土地にいる。

豊かな日本では、土地を大切にすることで、豊かな恵みを得ることができた。日本人が土地を大切にするのは、当然と言えば当然である。

アニミズムが残った

自然崇拝の多神教は、多くの神々が住むような自然があって成立する。

自然が少なくなっていけば、神さまもまた、いなくなる。森がなくなれば森の神がいなくなる。川がなくなれば川の神がいなくなる。

また、人間の技が、自然の力を上回れば、自然など崇拝するに当たらないと思う。森を破壊して農地にすれば、より豊かな恵みを得ることができるかも知れない。神に祈るよりも、近代化した装備で、よりたくさんの魚を獲ることができるかも知れない。自然の恵みのおかげで食糧が得られていれば、自然に感謝をするが、人間の技術と努力で食糧が増産されれば、「自然の恵み」という認識は小さくなる。

だからこそ、世界の国々では近代化が進むにつれて、伝統的なアニミズムは失われ、自然を超越した神と、神に約束された人間という一神教の考え方が、腑に落ちるようになるのである。

しかし、日本は近代化した先進国でありながら、昔ながらのアニミズムが根強く残っている。

日本でも自然は破壊され、少なくなっている。科学技術が発達した日本では、神に祈らなくても、人間の技で豊かな社会を作ることができる。それなのに、どうして日本人は、伝統的な自然崇拝を守り、八百万の神さまを失わなかったのだろうか。

どんなに人間の技を発達させても、私たち日本人は、昔から、自然の力の大きさと人間の小ささを思い知らされ続けてきた。それは、現在でもまったく変わっていない。

日本人に偉大な自然の力を感じさせたもの。それは「自然災害」である。

自然には恵みと脅威がある

西洋の神は、人間離れした技で自然を制していく。自然が脅威であったとしても、人間は神と共に、それに立ち向かっていくだけだ。

しかし日本では、多くの神さまがいる。

神である自然は、人間に多くの恵みをもたらすが、時にそれは脅威となり、人間に襲い来る。

特に日本は自然が豊かである。自然が豊かであるということは、それだけ脅威も大きいということだ。

たとえば、日本は雨の多い国である。ただし、恵みの雨も時には脅威となる。雨も降りすぎれば豪雨となり、水害や土砂災害を引き起こす。

それは決して昔の話ではない。科学技術や土木技術が発達した二一世紀の現在であっても、毎年のように集中豪雨や台風で日本のどこかで水害が起こり、浸水被害がニュースになる。

しかし、単純ではない。

日本は水資源の豊かな国だが、梅雨の集中豪雨や、台風は困るが、雨が降らない空梅雨だったり、台風の上陸が少ないと、たちまち水不足になり、農作物は育たなくなる。自然の恵みは、自然の恐ろしさであり、自然の恐ろしさは同時に自然の恵みなのである。雨だけではない。

地震や火山活動は、現在でも私たちの生命を脅かす恐ろしい存在である。しかし、ミネラル分豊富な日本の土壌は、火山活動によってもたらされたものである。火山活動は山を作り、谷を作り、川を作り、豊かな大地を作り上げた。そして、火山の脅威に脅かされている地域は、豊かな土壌をもった地域でもあるのである。

また、日本は生き物の種類も多い。しかし、豊かな自然では、害虫もまた種類が豊富で数も多い。日本の農業は常に害虫の被害に苦しめられてきた。そして、大発生した害虫はたびたび飢饉を引き起こしたのである。高温多湿な気候は、作物が育つのには恵まれているが、雑草も旺盛に生育して、被害をもたらしてきた。

日本は、自然豊かな国であると同時に、災害の多い国でもある。そして、豊かな自然と、自然の脅威は常に表裏一体のものなのである。

神さまは時に祟る

西洋の一神教の神は、世界を創り上げた全知全能の神である。そして、神との契約によって、神を信仰するものに恵みがもたらされるのである。

だから人々は神に恵みを求めて祈る。自然がないところでは、わずかな自然は恵みとなるのである。

しかし、自然が豊かなところでは、どうだろう。

豊かすぎる自然は、時に人々の脅威となる。恵みの雨も多すぎれば、水害を起こすし、植物を育てる豊かな気候では、雑草や害虫も猛威を振るうのである。

日本でも、確かに人々は、商売繁盛や合格を祈願したり、豊穣を祈念する。しかし、厄除けに代表されるように、何事も起こらずに平穏無事であることを祈ることも多い。また、神社によっては火事を防ぐ火除けの神さまや、暴れ川を治める水神さまや、津波を避ける波除けの神さまなどが祀られている。

こうして、恵みを求めるというよりも、自然の脅威がないように願うことも多いのである。

西洋の神は、全知全能の完璧な神であるが、日本の神さまは、あろうことか時に怒り狂い、時に人々に祟る。そもそも、日本の神さまは、先述のように荒ぶる神の祟りを鎮めるために祀られているものも少なくないのである。そして、ご機嫌を伺うように、神々に供物を貢がなければならないのである。

何という神さまなのだろう。

しかし、この硬軟とり混ぜた神さまのあり方こそが日本の自然の象徴である。日本の豊かな自然の恵みと、恐ろしい自然の脅威は表裏一体なのである。

日本では、神さまは時に悲しんだり、時に怒り狂う。全知全能の神さまとは、ほど遠い、何とも人間じみた神である。そして、自ずとわれわれは神たちを人間と同じような存在と捉えてきたのである。

日本に「自然」はなかった

豊かなのに「自然」がない

これまで、日本は自然が豊かな国であり、自然の少ないところに農業は発展すると論じてきた。

しかし、そんな自然豊かなはずの日本において、明治時代になるまで「自然」がなかったと言ったら驚くだろうか。

自然というのは、人類が誕生するずっと以前から、地球に存在するものである。その自然がないというのは、どういうことなのだろう。

じつは、これは「自然」という概念のことである。

この「自然」という概念そのものが、明治の文明開化によって西洋からもたらされた輸入品なのである。

明治時代に「Nature（ネイチャー）」という言葉が西洋から入ってきたときに、その訳語が作られた。それが「自然」である。日本には「Nature」を意味する言葉がなかったのである。

もっとも「自然（じぜん・じねん）」という単語そのものはあった。しかし、それは「おのずからそうあること」という意味の仏教用語であり、「自然に治る」「自然に良くなる」というような成り行きを意味する言葉であった。現代のような「ネイチャー」という意味はまったくなかったのである。

しかし、不思議である。

自然が豊かであるはずの日本に、どうして「自然」という概念がなかったのだろうか。日本はそれほどまでに、遅れた国だったのだろうか。

自然を認識する条件

空気の存在は、空気のない宇宙や水中では切実に感じるが、空気の中にいるときに感じることはない。幸せもまた、不幸せなときに切実に感じる概念であるし、健康もまた失ったときに初めてその価値に気が付く。「青春」もそのさなかにいるときにはわからない。過ぎ去ってから「あれが青春だったのか」となつかしんだり、羨んだりするものだ。物の存在というのは、その中にいるときにはなかなかわからない。外から観察したときに、初めて認識できるものである。

自然という概念も、自然の外から見たときに作り出されるものである。西洋の人たちにとって、自然とは、人間の世界とは別の世界であった。だから、「自然」を認識することができるのである。

西洋では神が人を創り、人のために動物や植物などの自然が創られた。西洋の人たちの認識では、自然は人と相対するものであり、支配することを許された所有物だったのである。

「自然を大切に」や「自然と共生する」という自然保護の概念は、人間という存在が、あたかも自然とは別の世界に存在するようなニュアンスをもっているのである。

一方、日本では動物や植物は、人間と同じ命をもつ対等の存在であった。日本人にとっては、人間もまた動物や植物と同じように、自然の一部であり、自然の中に内包される存在だったのである。

建物の中で暮らしていれば、建物の存在を感じられないように、自然の一部である日本人にとって「自然」とは、ごく身の周りにあって認識できないものであった。だからこそ、日本には「ネイチャー」を意味する言葉がなかったのである。

ただし、日本には「天地（あめつち）」という言葉はあった。天地は、人の住む世界だけを表す言葉ではない。すべての生物が天と地の間に住まっている。そこには人の住む空間と、野生生物の棲む空間の区別はない。これが日本の自然観だったのである。

豊かな自然への甘え

欧米では、日本に比べて「自然保護」や「動物愛護」の活動が進んでいる。

キリスト教の考え方では、自然は神が人間のために創り、神が人間に与えたもうたものである。自然は人間の所有物であるが、神から預かったものでもある。だから、人間が保護したり、愛護しなければならないと考えるのである。

特に、ヨーロッパは自然が貧相である。文明の発達や、社会の近代化によって、自然は失われ、自然破壊は顕在化しやすい。そのため、自然を守らなければならないという自然保護の概念が育つのである。

一方、残念ながら、日本人は欧米に比べると環境問題に対する意識が低い部分もある。日本人の自然観では、自然という概念はない。人間も、他の生き物と同じように自然の一部である。つまり対等な関係なのだ。

しかも、日本は、自然が豊かである。いや豊かどころではない。高温多湿な日本では、雑草はすぐに伸びてくる。害虫も発生をする。日本の自然は、相当に手ごわいのだ。保護するなど、とんでもない話だ。

欧米では、自然を克服しながら、人間の生活を作り上げてきた。一方、日本では、自然の中に人間の生活があった。

決して人間が上にあるわけではない。人間と自然とは対等な関係である。この日本人の自然観は、世界に誇るべきものである。

しかし、一方では、それは自然に対する甘えや認識の低さにもなる。そして、「自然保護」という概念が育たなかったのである。

たとえば、日本には、「水に流す」という言葉がある。何か汚れたものも、水に流せばなくなってきれいになる。しかし、それは、水が豊富だから可能なのである。

また、「土に返す」「土に戻す」という言葉もある。ゴミを穴に埋めてしまえば、知らぬ間に土に戻っていく。しかし、それは高温多湿で、微生物による分解が早いから可能なのである。物が腐ったり、土に戻っていくのは当たり前のように思うが、冷涼な地域では、分解が進まないから、いつまでも有機物が分解されない。物が腐るというのは、微生物の働きが豊かだからなのだ。

何か不都合なものも、豊かな水や豊かな自然が消し去ってくれる。こんな甘えが、日本人にはある。

だから、ゴミを山などに捨ててしまうのだ。もっとも、昔はゴミはほとんど有機物だったから、昔のゴミは捨てても分解されてなくなってしまう。しかし、現在のゴミはプラスチックなど化石燃料から作られているから、いつまで経っても永久に分解しない。捨てられたゴミは、いつまでもそのままなのである。

日本人はなぜ環境意識が低いのか

豊かな自然と、自然と共にあった暮らし。

この日本の素晴らしい財産は、残念ながら、日本人の環境意識の低さにつながっている面もある。

自然は、どんなに人間が立ち向かっても、壊れることなく、再生してくる。そして、人間の暮らしを受け止めて、包み込んでくれるような大きな存在だから、人間は自然に対して、全力でぶつかっていく。それが、日本人と日本の自然の姿であった。

しかし、近代になって、科学技術が発達をすると、自然を克服できるようになった。大きな土木機械を使えば、農地や河川を、思いどおりに整備することができる。農薬を使えば、害虫や雑草に悩まされることもない。これまで自然に苦しめられてきたが、科学技術が自然を克服するようになったのだ。

さらに、自然の豊かさに対する甘えもあるから、自然を保護しようという気持ちは高まらない。自然を破壊しても、ゴミを捨てても、自然はそれを受け入れて、いつか再生し、回復してくるような気がする。そして残念ながら、豊かな自然の中で、多くの恵みを得てきた日本で、自然が失われているのだ。

一方、ヨーロッパの自然は日本に比べて貧相である。

人は自然に立ち向かい、自然を克服することで豊かになってきたが、人間の力が大きくなるにつれて、自然破壊や環境汚染が顕在化してしまった。そのため、自然を守るという発想に早い時期からたどりつくことができたのである。

管理が難しい日本の自然

日本で自然保護が発達しない理由は他にもある。「自然保護」という発想は、自然を管理することでもある。自然が豊かすぎる日本では、自然を管理し、保護することは、技術的に難しい面もあるのだ。

農業では、ヨーロッパは有機栽培やエネルギー節減や効率的・効果的な施肥・防除などに配慮した環境保全型農業が盛んに行われている。

農業による環境破壊は地下水の汚染を引き起こし、目に見える形で被害をもたらした。そのため、環境保全に対する意識も高い。ヨーロッパは、もともと生物相が貧相で、害虫や雑草が少ないために、無農薬栽培や有機農業を無理なく行うことができる。

以前、生物多様性の保全に取り組んでいるという英国の農場を調査したときのことである。農場を歩き回っても、アリ一匹さえ見つけるのが困難だったことがある。それくらい生き物がいないのだ。そんな農園に、花や木を植えれば、チョウや鳥がやってくる。もともと生物の種類も少ないので、環境保護の成果を目に見えて喜ぶことができるのである。

一方、日本は違う。

自然が豊かな日本では、自然が失われていく危機感をもちにくい。水田が耕作放棄地となって荒れ果てても、雑草が生い茂り緑を創出する。絶滅する生き物がいたとしても、何かしらの生き物があふれているから、私たちの周りから生き物がまったくいなくなることはない。自然環境が大きく変貌しても、高い自然の再生力がそれを覆い隠すために、自然破壊に気が付きにくいのである。

また、生物の豊富な日本では、大量に発生する雑草や害虫を抑えて有機農業を行うことは、そう簡単ではない。保護だ、愛護だと少しでも気を抜こうものなら、すぐに雑草が生い茂り、害虫が発生してきてしまうのだ。

それだけではない。自然の生態系が複雑すぎて、自然の保全や管理の適切な方法が簡単にはわからないのである。食うか食われるかの生き物どうしの関係も複雑に絡み合っている。ある害虫を抑えれば、他の虫が害虫化する。天敵を増やそうと花を植えれば、また、新たな害虫がやってくるかも知れない。とても人間の叡智で管理しきれるものではないのである。

豊かな自然は恐ろしい

日本は自然が豊かである。

農業は、抜いても抜いても生えてくる雑草との戦いである。

すでに紹介したように、日本人は異常なまでに草取りを行う。すぐに雑草が生えてくる高温多湿な国で、草一本もない状態を理想として草取りに明け暮れるのである。

しかし、それも無理からぬ話でもある。

雑草が少ないヨーロッパでは、雑草は放っておいても害にならない。今日取らずに、そのうちに取っても雑草はそんなに伸びない。

しかし、日本では違う。今日やらなければ、明日は、雑草は伸び放題に生い茂ってしまうかも知れない。生えてきた雑草はすぐに抜かなければならないのだ。

草一本もないようにというと、極端な感じもするが、日本では雑草が適度な量で維持されるということはない。今日は少しの雑草が、明日にはたくさんの雑草になってしまう。

「まったくない」か、「たくさんある」かの、どちらかなのだ。

そうなれば、もはや雑草をひたすら取り続けるしかない。まさに前に紹介した「上農は草を見ずして草を取る」である。

日本では、自然を管理し、雑草を管理するということは、相当に難しいのである。

ハエのいる欧州、ハエのいない日本

日本で雑草が生えないようにするのは、大変である。しかし、日本人はそんな過酷な環境の中で雑草が一本も生えないことを理想としてきた。

そんな夢のような理想を実現してくれたものがある。それが農薬であり、除草剤である。いままで苦労をして這いつくばって取ってきた雑草や、祟りのように恐れられていた害虫が、除草剤や農薬を掛けるだけで、まったく発生しなくなる。昔の人たちにとって、除草剤や農薬は、大魔術か、ドラえもんのひみつ道具を見るかのような、感動的な夢の技術だったのである。

農家の人たちは、農薬を掛けることを「消毒する」と言う。

まるで雑菌がない状態にするように、雑草や害虫などの生き物がまったくいない状態にすることが「消毒」なのである。

日本人は昔から、自然を克服するのではなく、自然と共に生きる道を選んできた。しかし、それは日本の自然は豊かで克服できないという一面もあったのだ。農薬という科学文明を手にしたとき、日本人は、自然を克服することができるようになった。そのため、日本人は好んで農薬を使用するのである。

たとえば、ヨーロッパの農場に行くと台所にハエがいる。ヨーロッパは生物がいないとは言え、たまにはハエくらいいるのだ。

しかし、現在の日本の台所ではめったにハエを見ることはほとんどできないだろう。ハエは放っておけばいくらでも発生してくるが、昔から防除を繰り返してきたので、ハエはほとんどいなくなったのだ。

こうして、自然が豊かなはずの日本にはハエはいないが、自然の貧相なはずのヨーロッパではいまでもハエを見ることができる。これが日本とヨーロッパのいまの自然の姿なのである。

日本人にとって自然はライバル

欧米では環境意識が高く、自然保護や動物愛護の考え方も進んでいる。

環境破壊が進んだ現在、自然保護や動物愛護の考え方は重要である。しかし、そこには自然は人間の所有物であり、人間は自然よりも上の存在であるという西洋の思想が根底にある。

西洋の人間にとって、自然は神から与えられたものであり、人間の方が上にある存在である。だからこそ、利用もするし、保護もする。

これに対して、日本では決して、人間が自然の上にある存在ではない。対等な関係として、日本人は自然に対して全力で向き合ってきたのである。

そして日本人は、時に自然の恵みを享受しながら、時に自然の脅威と戦ってきた。そんな対等な関係だからこそ、厳しい戦いを通して、人々はそこに尊敬の念を抱かずにいられなかったのではなかろうか。

日本人と自然とは、戦いの中で友情が芽生える、良きライバルのような関係だったのかも知れない。

そして、日本人にとっては、雑草もまた、強力なライバルだったはずなのである。

日本人は、雑草に悩まされながらも、憧れを抱く。その一因は、この自然との関係にあるのかも知れない。

農業が作り出す「身近な自然」

虫を愛でる人々

日本では夏が近づくと、スーパーなどで虫捕り網や、虫かごがたくさん売られているのを目にする。そして、子どもたちは夏休みにセミ取りや昆虫採集に夢中になるのである。また、夏休みになればカブトムシやクワガタムシがペットとして売られている。

しかし、虫かごが売られていたり、子どもたちが虫を飼ったりする光景は、海外ではあまり見られない。

アメリカのある昆虫学の先生は、日本には虫が好きな昆虫少年がいて、羨ましいとおっしゃっていた。その大学のキャンパスでは、あちらこちらでコオロギが踏み潰されていた。

コオロギがいると、学生たちはそれをわざと踏み潰すのだと言う。コオロギもゴキブリも同じなのだ。

日本では、コオロギを踏むことはない。踏み潰されていればかわいそうと思うだろう。じつは、日本は世界でも珍しい虫を愛する国なのである。

日本では、昔からこのような虫を愛でる文化があった。たとえば、かつての日本では鈴虫を飼って虫の音を楽しんだ。その起源は古く、平安時代の『源氏物語』には、すでに鳴く虫を観賞用に捕まえることが記載されている。

虫の音を認識する日本人

よく日本人と欧米人とでは、虫の音に対する脳の働きが異なることが知られている。日本人は、虫の音を言語脳と呼ばれる左脳で認識する。そして、「チンチロリン」「リーンリーン」といった言葉として認識するのである。一方、欧米人は虫の音を音楽脳と呼ばれる右脳で処理する。そのため、欧米人は虫の音を雑音として感じてしまうのである。

虫の音を左脳で認識するのは、世界でも日本人とポリネシア人だけだと言われている。その他の国々では、虫の音は雑音なのである。

脳の認識がそうだから、日本人は虫の音が好きなのだと言うことができる。

しかし、どうして日本人は虫の音を楽しむことができるような脳をもつようになったのだろうか。

リーンリーンと鳴くスズムシは古くは松虫と言った。松林を吹く風にたとえられたのである。逆に、現在のマツムシは、昔は鈴虫と言った。チンチロリンという鳴き声が鈴の音にたとえられたのである。ガチャガチャと鳴くクツワムシは、馬のくつわの音にたとえられているし、スイーッチョンと鳴くウマオイは、馬を追うときの声に聞こえることから名付けられたのである。このように、日本の虫の鳴き声はさまざまである。そして、歌うように話すように鳴くのである。

欧米では、こんなにたくさんの鳴き方はない。草むらで「ジーーー」と音がしているのが虫の声である。これを言葉として認識しようというのも無理な話かも知れない。また、欧米にもセミはいるが、欧米の人たちはセミの声を認識していないし、認識しても気にも留めない。

日本のセミは「ミーンミーン」と鳴いたり、「ツクツクホウシ」と鳴いてみたり、じつに鳴き声が豊かである。これに対して、欧米では、セミもまた、ジーーーと鳴くだけである。これでは、雑音として認識してしまうのも無理はない。

秋の虫やセミが鳴くのは、メスを呼び寄せるためである。しかし、日本は虫の種類が多いから、多くの種類の虫が一斉に鳴くことになる。そのため、虫たちも他の種類の虫と区別をつけて、認識しやすいようにリズミカルに鳴いたり、さまざまな鳴き方を工夫しているのだ。そんな豊かな虫たちの音色が、日本人の脳を虫の音色を認識して、楽しむように発達させたのかも知れない。

神も人も虫も自然の一員

西洋の伝統的な科学教育では、観察・実験を行うことや、自然の事物・現象を理解することが目的とされている。

ところが、日本の理科教育は違う。

このような自然科学的な教育に加えて、「自然に親しみ、自然を愛する心情を育てること」が目標に加えられているのである。

自然に親しむことや、自然を愛することは科学でも何でもない。むしろ、科学的思考に反するものだ。

西洋が育んできた科学は、このような心情的なものをできるだけ取り除いて、できるだけ客観的に物事を見ることで成り立っている。

しかし、これこそが日本人が培ってきた自然観であり、日本の理科教育の誇るべき点であると私は思う。

西洋の科学と日本の理科は、同じではないのである。

キリスト教では、神が植物を創り、動物を創り、家畜を創り、そしてその支配者として人間を創った。動植物などの生き物たちと、人間は別である。

しかし、日本では人間は自然の一員である。神さまさえも自然の一員である。

だとすれば、動植物はもちろん、小さな虫でさえも、同じ自然の一員である。これが日本人の自然の捉え方である。

「一寸の虫にも五分の魂」という言葉がある。

この言葉は、虫にさえ魂があるように、小さな者や弱い者でも、それ相応の意地や感情はもっているから決して侮ってはいけないという意味である。弱い人間を大切にしようという諺に「虫にさえ魂があるのだから」と虫を出してくるのはすごい。

ショウリョウバッタというバッタがいる。チキチキと音を立てて飛ぶことからチキチキバッタと別名もあるこのショウリョウバッタは、漢字で書くと「精霊バッタ」となる。ショウリョウバッタは、先祖の霊の化身であったり、先祖の霊の乗り物であると考えられていたのである。

お盆のころに現れる赤トンボは、別名を「精霊トンボ」と言う。赤とんぼもまた、先祖の霊であったり、先祖の霊を運んでくるものであると考えられていたのである。

確かに非科学的な話である。

しかし、人間も虫や植物と同じ生物であることに、何の変わりもない。

もしかすると、人間も他の動植物も同じであるという日本的な見方の方が、生命科学の真実に近づける部分もあるのではなかろうか。

日欧における「生物多様性」の違い

日本には身近に愛すべき小さな生き物たちがいることも、日本人が小さな生き物を愛することの一因になっているかも知れない。

ヨーロッパでは生き物の種類が少ない。

たとえば、同じ島国である英国と比較してみると、日本の植物数は約五三〇〇種で、そのうち日本にだけ生息している固有種が約一八〇〇種ある。これに対して、英国は植物が約一六〇〇種、そのうち固有種がわずか約一六〇種である。また、魚類は日本は約三八五〇種、うち固有種が約四二〇種であるのに対して、英国は約三一五種で固有種はゼロである。

ヨーロッパでは古くから自然破壊が進んだということもあるが、日本はそれだけ自然が豊かで生き物の種類ももともと多かったろうし、さらには自然が豊かであったから、自然破壊が進まなかったという面もあるだろう。

ヨーロッパのカントリーファームな生活を描いた絵には、さまざまな生物が登場する。たとえば、ピーター・ラビットに代表されるウサギがいる。ウサギを狙うキツネもいる。あるいは、ミツバチマーヤに登場するミツバチもいる。あとは、よく描かれるのは、「はらぺこ青虫」の絵本で知られるイモムシやチョウの類いだろうか。そして、牧場には、牛がいて、馬がいて、鶏やアヒルがいる。

「生物多様性」という言葉がある。最近では農村地域の「生物多様性」が話題になることも多い。ところが驚くことに、ヨーロッパで生物多様性というときには、牛や馬などの家畜も含めることが多いのである。

どうしてか。

それは、生物が少ないからである。

確かに牛や馬にも色々な品種がある。特に、その地域で守られてきた伝統的な品種は、他の生物と同じように守るべき貴重な遺伝資源である。

しかし、日本の農村で生物多様性という場合には、人が飼っている家畜を含める感覚はないだろう。そんなものを数えなくても、農村にはありとあらゆる種類の生物がいるからである。

田んぼにはたくさんの生物がいる

農業はわれわれの生存に欠かせない食糧を供給してくれるが、一方で自然破壊である。これは、日本でも同じである。

たとえば、日本の農村には「田んぼ」という環境がある。美しい田んぼの風景を見ると、私たちは自然を感じて癒されるが、よくよく考えてみると、田んぼという環境は、自然ではなく、人間が作り出したものだ。

たとえば、一面の緑を演出するイネは、人間が改良した作物であるし、すべてのイネは人間が植えたものである。野の花が咲き乱れる畦道も、人間が水をためるために作ったものだ。そして、メダカやドジョウが泳ぐ小川は、田んぼに水をためるために人間が引いたものであるし、そうやって人工的な作業を駆使して作り上げて水をためたのが、田んぼという環境なのである。

しかし、そんな田んぼにも、たくさんの生き物がいる。田んぼを棲みかとする生き物は、五千種を超えるであろうと言われている。どうして、人工的な環境である田んぼに、そんなにもたくさんの生き物がいるのだろう。

豊かな森の自然は、生物が棲むのに適しているが、そこでは激しい生存競争が繰り広げられる。そのため、強い植物である大木が生い茂り、小さな野の花は生存することができないのである。植物で言えば、豊かな自然に生存できるのは限られた強い植物だけになってしまうのである。もちろん、これがダメというわけではない。生存競争が行われる適者生存の世界こそが、本来の自然である。

一方、人の暮らす里や野山では草刈りが行われたり、田畑が耕されたりする。このような行為は、一見すると自然を破壊しているように見えるかも知れない。しかし、日当たりの良い明るく開けた環境が作られ、強い植物がはびこるのを防ぐので、多くの小さく弱い野の花たちにとっては、生存のチャンスが生まれるのである。こうして、農村では多くの植物が生えるようになるのである。そして、農村に生える弱い植物が、タンポポやスミレなど、身近な植物なのだ。

同じように、農村には本来の自然界では生きる場所が少ないような「弱い生き物」たちが集まる。それらが私たちに身近なカエルやトンボ、ドジョウ、メダカ、ホタルなどの生き物たちなのである。

草刈りをしたり、田畑を拓いたりするのはある意味自然破壊だが、そのおかげでできた人工的な田畑の環境には、弱い生き物たちによって、新たな生態系が作られるのである。

人間が作り出した「二次的自然」

このようにして人間が作り出した自然は「二次的自然」と言われる。

一次的自然は、もともとそこにある原生的な自然である。これに対して、二次的自然は、一次的自然が破壊された後に成立した自然を言う。一般的には、火山活動などによって一次的自然が喪失した後に成立するような自然が二次的自然と呼ばれている。しかし、人間によって破壊された後に成立した自然もまた、二次的自然としての性格を有しているのである。

映画「もののけ姫」では、「シシ神の森」と呼ばれる深い森が描かれる。これが一次的自然である。しかし、物語の中で、森は失われるが、物語の最後のシーンでは、野の花が咲き乱れるような明るい草原が復活する。この草原が二次的自然なのである。

トンボやカエル、ホタル、メダカなどの田んぼの生き物たちは一次的自然のような深山幽谷には棲むことができない二次的自然の生き物である。

このように、日本の農業には、環境の破壊者でありながら、豊かな二次的自然の環境を創造するという面もあるのである。

田んぼの生き物はどこから現れたのか

しかし、不思議なことがある。田んぼを棲みかとする生き物たちは、人間が農業を始める前には、いったいどこに生息していたのだろうか。

日本は雨が多く、水が豊富である。さらに、山は険しく急峻な地形である。そのため、日本の国土を流れる河川は、急流となる。

ヨーロッパを旅すると、町の中を豊かな川がゆったりと流れている。たとえば、フランスを流れるセーヌ川であれば、標高四七〇メートルを約七八〇キロメートルの距離を掛けて水が流れる。またドナウ川は、標高六八〇メートルをじつに二八六〇キロメートルもの距離を掛けて流れていく。

これに対して日本の河川は、急流である。

日本の代表的な大河である木曽川でさえも、標高八〇〇メートルもの高さから、わずか二〇〇キロメートル足らずの距離で水が流れ落ちる。明治時代に日本を訪れたオランダの河川技術者が、「これは川ではなく、滝だ」と驚嘆したのも、無理もない話だ。

こうした急流は、暴れ川となり、雨が降れば、たちまち増水して、あちらこちらに洪水を起こす。こうして、氾濫をくりかえす暴れ川の周りには、「後背湿地」と呼ばれる水たまりのような湿地ができた。そして日本の国土の平坦地には、このような後背湿地が無数にできていたのである。そして、田んぼの生き物たちの祖先は、こうした後背湿地を棲みかとしていた。

やがて、人間はこの後背湿地を利用して、田んぼを拓くようになった。そして、湿地に暮らしていた生き物は、似たような環境である田んぼに適応して、田んぼの生き物となっていったのである。

人形をゴミ箱に捨てられるか

食材を作ってくれた人への感謝

キリスト教では、食事の前に、天の神に対して祈りを捧げる。

日本でも、食事の前には、「いただきます」と手を合わせる。これは、何に対して手を合わせているのだろうか。

これは、一つは食材に対する感謝である。食事をするということは、肉や魚、野菜、穀物など、命あるものをいただくということである。つまり、「生命をいただきます」なのである。

また、二つ目は、食材を作ってくれた農家の人や、料理を作ってくれた人など、料理に携わってくれた人に対する感謝である。もっとも、人に対する感謝は、食事をした後の「ごちそうさま」により明確に表されている。「ごちそうさま」は「御馳走さま」である。「馳走」は「急いで走る」という意味である。そうやって食材をかき集めてくれたことへの感謝が「ごちそうさま」なのである。

このように、キリスト教では天の神に対して感謝するのに対して、日本では生き物や人に対して感謝をするのである。

肉食と捕鯨に見る自然観の違い

西洋では自然や生き物は、神が創り、世界の主である人間に管理を預けている。だからこそ、人間は自然を大切にし、自然を守らなければならないし、愛をもって動物たちを庇護しなければならないのである。

それなのに、家畜は残酷とも思える方法で殺し、肉食をすることは厭わない。それは、家畜は人間の食料となるために神が与えてくれたものとされているからである。

最近では、動物愛護の考え方を拡大して、家畜たちをストレスなく飼育するアニマルウェルフェアのような考え方も広がっている。

あるいは、欧米にも動物がかわいそうだからと、植物しか食べないベジタリアンと呼ばれる人たちがいる。動物がかわいそうだからという心情は十分に共感できるが、あまりにも肉食禁止にこだわる姿を見ると、「植物にも命があるのではないか」と皮肉の一つも言いたくなってしまうのが、日本人の感覚だ。

この西洋の伝統的な考え方と日本の伝統的な考え方の違いがもっとも浮き彫りになっているのが、捕鯨の問題だろう。

西洋の人々は日本でクジラやイルカを捕殺して食べることを残酷だと言う。その考え方はわからないわけではない。

確かに飼っていた金魚が死んでしまうよりも、ハムスターが死ぬ方が悲しいし、犬が死ねばもっと悲しい。それは金魚よりも犬の方が人間に近い動物だからである。また、日本人もサルは殺したがらない。それはサルが人間に似た生き物だからである。

しかし、クジラを食べてはいけない理由を大上段に「イルカやクジラは人間に近い賢い生き物だから」と言われると、「食用にしているウシやブタも同じ命ではないか」と反論したくなるし、「イルカも、小さな魚も同じ命ではないか」と言いたくなる。これが日本人の自然観だ。

西洋人にとって、家畜は食べるために神が与えてくれたものだから、殺して食べることに罪悪感はない。しかし、賢い生き物は、神が創った人間に近い生き物である。だから、殺してはいけないのである。

生き物の命に、格差をつけることが日本人には理解できない。日本人にとっては、生きとし生けるものは、等しく同じ命をもつものである。しかし人は命あるものを食べなければ生きていくことができない。だからこそ、日本人はいただく命に手を合わせて「いただきます」と感謝の言葉を述べ、手を合わせるのである。

すべての命に仏性がある

日本ではクジラは獲って殺すが、供養塔を建てたり、墓を作ったりした。しかし、それはクジラが賢い生き物だからではない。

日本にはさまざまな供養塔や供養祭がある。日本人は昔から、サバやウナギ、サケ、エビなど、さまざまなものに対して供養塔を建ててきた。

虫供養という行事もある。農作業を行えば、さまざまな生き物たちを殺すことになる。また、害虫も駆除しなければならない。こうした小さな虫たちを供養するのである。

虫まで拝んでいたとなると、昔の人たちは、ずいぶんと非科学的で信仰心に厚かったのだと呆れてしまうかも知れない。

しかし、現在でもペットの犬や猫が死ねば厚く葬り、坊主がお経まで読んで葬式をしたり、お墓を作ったりするのが、日本人である。

海外では、ペットに愛情を注いでも、人間のようなお葬式をすることはないのだ。しかし、日本人の感覚では、かわいがったペットは人と同じように葬式をしてあげたいと思う。愛犬家や愛猫家でない人は、バカバカしいと思うかも知れないが、そんな人でも子どものころは、金魚やカブトムシのお墓を作ったことはないだろうか。ネコを車で轢いてしまったときに、つい手を合わせてしまわないだろうか。

すべてのものに仏性がある。これが日本人の考え方である。

だから、人間も他の生き物も同じような命ある存在として捉えるし、小さな生き物たちにも愛情を注ぐことができるのである。

植物に命はないのか

小さな虫であれば、まだわかる気もするが、日本には植物を供養する「草木供養塔」なるものまで存在する。

それにしても、意識がないような植物さえ供養するという日本人の自然観は、どのようにして醸成されてきたのだろうか。

すべての命を等しく大切にするという日本人の考え方は、仏教の教えによる影響が大きい。

仏教では命あるものの殺生を禁じていて、その戒律によって肉や魚を食べることを禁止しているのである。そのため、寺院では、肉も魚も使わず、穀物や豆類、野菜など植物だけで作られた精進料理を食べるのである。

しかし……と、疑問に思う方もいるだろう。

穀物や野菜などの植物も、命ある存在である。それなのに、どうして、肉や魚を食べてはいけないのに、命ある植物を食べても良いのだろうか。そう言われれば、と多くの人も疑問に思うことだろう。

仏教と同時に肉食禁止の戒律がもたらされたとき、多くの日本人もそう疑問に思った。しかし、日本に仏教が伝わるまで、そんな問いが投げかけられることはなかった。なぜなら、仏教発祥の地であるインドや、仏教が発展を遂げた中国では、「植物にも命がある」という感覚がなかったのである。植物にも私たちと同じ命があるという感覚は、日本人特有のものなのだ。

罪滅ぼしのための「肉食禁止」

そもそも、仏教では肉食は禁止されていなかった。

もともとの仏教の教えでは、出家者は俗世の欲を否定するために最低限のものだけを所有し、農業など働くことも禁止された。そして、食事を得るために出家者は托鉢を行ったのである。この生活では、与えられたものが肉であれば、ありがたく肉を受け入れる。仏教が禁止しているのは、肉食ではなく、「むやみに殺すこと」であったのである。

ただ、不必要な殺生を禁止したインド仏教では、殺生のイメージが強い肉を食べない菜食主義が広がっていった。そして、「大乗涅槃経」で肉食の禁止が説かれるのである。「不必要な殺生はしない」というインド仏教の教えは、やがて中国に渡ると「肉食の禁止」という形で慣習化する。

権力者たちが目まぐるしく、覇権を争っていた中国大陸では、権力者が代われば仏教が弾圧されるということが頻繁に起こった。そのため、中国の寺院は、弾圧を逃れて山岳地帯に展開していったのである。現在でも中国では険しい山に寺院があるイメージがあるし、遣唐使として中国で仏教を学んだ空海や最澄も、高野山や比叡山といった山岳地帯に寺院を建立した。

しかし、山岳地帯で仏教を行うには問題がある。

仏教は、俗世から離れるために労働を禁止し、托鉢に頼って生活をしていた。しかし、山岳地帯では托鉢をしようにも周辺に人々がいない。そのため、畑を耕し、自給自足の生活をしなければならなかったのである。そこで、生まれたのが「精進」という考え方である。つまり、畑仕事や台所仕事の労働が修行の一環であるとしたのである。

しかし、労働をしてはならないという戒律を失ってしまうし、畑仕事をして土を耕せば、無意識のうちに畑の虫たちを殺生することになる。そこで、その罪滅ぼしとして、新たな戒律として生まれたのが「肉食の禁止」だったのである。

仏教が説く、動物と草木の違い

当時の仏教は、現在で言えば先端の科学である。

仏法世界はどのように成り立っているのか、教義の矛盾はどのように解消すべきなのか、現在の学術会議のように、高僧たちによって常に議論が起こされた。しかし、日本人の素朴な疑問である「動物を殺し、肉を食べることは禁止されているのに、どうして米や野菜を食べることは許されるのか。植物を食べることは殺生ではないのか」ということについては、中国では、ほとんど議論されなかったのである。

しかし、日本人であれば誰もが感じる疑問に対して、答えを見出せなかった日本の仏教界は、仏教の先進地である中国に答えを求める。そして、このような答えを引き出すのである。

中国の仏教の答えはこうである。

「植物は人間や動物と異なり、石や水と同じように意識のないものである。だから、草や木を食べても殺生にはならない」

人間が動物を捕まえようとすると、彼らは逃げ回る。捕まえた動物のとどめを刺そうとすると、彼らは悲鳴をあげる。動物を殺した後、食べるには、血を浴びながら体をばらばらにしなくてはならない。これらは残酷な行為である。だから人間は、動物の命を奪うことに罪悪感を感じるのである。仏教が肉食を禁止したのは、このような残酷な殺生をむやみに行うことをなくすためである。

一方、植物は、人間がとろうとしても逃げ回ったりしない。土から引き抜いても、騒いだり、悲鳴をあげることはない。食べるために切り刻んでも、血が出ない。

植物は動物と違って、食べられることに抗おうとする意識をもたず、黙って状況を受け入れる。そのため、人間は植物を食べることに残酷さを感じない。だからこそ、インド仏教や中国仏教は、自然な感覚として、植物は意識がないから食べても殺生ではないと考えたのである。

しかし、「植物は意識がないから食べてもよい」というこの説明は、日本の人々には何となく腑に落ちないものだったのである。

インド、中国では植物は生き物ではない

生物学的には植物は紛れもなく生物である。しかし、植物に命がないという感覚は、昔の人たちにとっては無理のないものであった。

それは、当時の科学である仏教であっても同じである。仏教の考え方は、発祥の地であるインドの考え方を基礎としている。仏教には、畜生道があり、動物に生まれ変わることはあっても、人間が草に生まれ変わることはない。

また、古代中国には、五行説という思想があった。これは、万物は木・火・土・金・水の五種類の元素からなるという説である。木とは、木や草花など植物のことである。つまり、五行説では、植物は火や土や金属や水と同じような自然の構成物であり、動物や人間

と同じような生き物であるとは見なされていないのである。

もちろん、インドや中国でも、大木や老木が神聖視されることはある。しかし、それは植物自身が神格化されているわけではなく、精霊が宿ったり、神が下りてくる場所として祀られたのである。

そんな植物に、日本人は確かな命を感じていたのである。

日本人が見出した答え

「殺生はいけないが、植物は食べても良い」という考えは合点がいかない。しかし、植物を食べることさえ禁じてしまうと、もはや生きていくことはできない。

そこで、日本で広く受け入れられたのが、「草木国土悉皆成仏（そうもくこくどしっかいじょうぶつ）」という思想だった。これは、「草や木はもちろん、土や水さえも私たちと同じように、仏性があり、成仏する存在である」というものである。そして、植物もまた仏性がある存在であり、私たち人間が死んで仏となるように、植物は食べられることによって成仏すると考えたのである。

宮沢賢治には次の言葉もあります。

「一人成仏すれば三千大千世界　山川草木虫魚禽獣みなともに成仏だ」

一人が成仏すれば、その人が食べたものもすべて成仏するという意味である。人は自らが高みを極めることによって、自らが食べたものの仏性も高まると考え、より良く生きようとしたのである。

植物でさえ成仏するというこの考え方は、修行して初めて成仏できるという伝統的な仏教の考え方からは逸脱したものである。しかし、古くから植物の中にも命を感じてきた日本人にとっては、ずっと腑に落ちる考え方だったのである。

日本人にとって肉となる獣も、小さな命である虫や魚も命に区別はない。そして、日本人は命を奪った虫や魚さえも供養してきたのである。そして、植物もまた、命ある存在であるから、植物を食べ、奪った命に感謝し、供養塔を建てたのである。

庶民まで肉食禁止を受け入れた国

すでに紹介したように、仏教が生まれたインドでは、仏僧たちは修行に励むために労働をしなかった。労働をせずに修行に励む仏僧たちは、托鉢で一般の人たちから食べ物を分け与えてもらったが、そのとき肉を提供されれば、ありがたくそれを食べたのである。「むやみに殺す」ことは禁じられたが、「肉食」を禁止したわけではない。

「肉食禁止」は中国で作られた戒律である。中国では、山深い場所に寺が開かれた。そのため、一般庶民にまで肉食禁止は浸透しなかったのである。

中国から仏教が伝わった韓国では、早くから肉食禁止が行われたと言う。しかし、韓国は、一三世紀から遊牧民である元の支配を受けた。そのため、肉食禁止はなし崩し的になくなってしまうのである。また、一四世紀になり李氏朝鮮の時代になると、儒教が国教となり、仏教は迫害されていく。そのため、肉食禁止が庶民に広がることはなかったのである。

一方、日本では元寇による元の攻撃を受けたが、ついに元の支配を受けることはなかった。

また、儒教は日本では「儒学」とされて、宗教というよりも学問として扱われた。そして、日本では強い仏教の影響の中で庶民にまで肉食禁止という厳しい戒律が浸透したのである。

日本では、すべてのものに生命を感じ、小さな生き物にも貴い命を感じるという思想がある。おそらく仏教の肉食禁止は、日本人には、大きな抵抗なく受け入れられたのではないだろうか。

そして、殺生をせず肉食をしないという仏教の教えは、人間以外の生物に命を感じるという日本人の考えをより研ぎ澄ませていったのである。

針供養に人形供養

植物だけではない。私たちは、ありとあらゆるものに命を感じてきた。

たとえば、針供養という行事がある。使い古した針をこんにゃくなどの柔らかいものに刺して、労をねぎらい供養するのである。

あるいは、古くなった人形を供養する人形供養もある。最近では人形だけでなく、おもちゃのぬいぐるみなども供養すると言う。

私たちは、生き物どころか、生きていないものにも、命を感じ、「成仏」を祈るのである。

欧米では、このような感覚はない。どんなに大切にしてきたとしても、人形は「モノ」である。だから、人形はゴミ箱に捨てるのである。

仏教では、「万物に仏性がある」と説く。

これは日本人にとっては、自然な感覚である。

日本人は、虫のような小さくて弱い生き物にも命を感じる。そして、植物にも同じ命があると考える。そして、その自然観の行き着いた末に、すべてのものに命を感じる感覚を手に入れたのである。

仏教観は、まさに日本で完成したのである。

しかし、それだけではない。

古来、日本人は木を伐るときに手を合わせていた。それは命への感謝という気持ちもある。ただ、一方では、山の神さまや木の魂が怒らないようにというお祓いの気持ちもある。

また、日本人が人形を供養するのは、捨てられる人形がかわいそうと思う気持ちだけではない。何か罰当たりな気がするからでもある。供養しなければ、祟られそうな気がするのである。

確かに、供養塔を建てるのは「感謝」の意味だけではない。「祟りを恐れる」という意味もある。

日本の豊かな自然は、恵みであると同時に脅威でもあった。

日本人がさまざまなものに仏性を感じていたのは、自然に対する怖れが基層にあるからである。

第二章 雑草が育てた日本人気質

水田は砂漠化しない

整った風景、混沌とした風景

ヨーロッパを旅すると、そこかしこで美しい風景に出合うことができる。

最近ではヨーロッパの鉄道旅を紹介するようなテレビ番組も多いが、車窓に広がる風景の美しさにはため息が出る。

どこまでも美しく広がる牧歌的な田園風景。石造りの町並みは、色彩も統一されている。

それが、美観地区や保全地区という特別な場所だけでなく、どこもかしこも、小さな村々にいたるまで、美しく整っているのだ。

こうした美しい風景を見てから、日本の風景を見ると本当にガッカリさせられることが多い。

田園の風景さえ、ゴチャゴチャしていて、田んぼの中に住宅地や都市的な施設が混在している。町並みは統一感がなく、ゴチャゴチャと猥雑な雰囲気を醸し出している。

どうして日本は、ヨーロッパが当たり前に残しているような風景を残すことができないのか。だから日本はダメなのだ、と思ってしまう。しかし、そうだろうか。

もちろん現在では、国によっては、法律によって風景を守る努力も行われている。

しかし、昔から日本の風景は、ゴチャゴチャとしていた。そして、この統一感なくごちゃごちゃとした風景こそ、日本の自然の豊かさと素晴らしさを表しているのである。

土地の生産力と風景の違い

ヨーロッパの農村風景を見ると、広々とした畑が広がり、その遠くに村が見える。

しかし考えてみると、歴史的に小さな村の人たちが食べていくために、これだけ広大な農地が必要だったのである。

一方、日本では田畑の面積が小さく、そこら中に集落がある。つまり、少ない農地でたくさんの人たちが食べていくための食糧を得ることが可能であった。だからこそ、昔から人口密度が高かったのである。

ヨーロッパは土地がやせていて、土地の生産力が小さい。一五世紀のヨーロッパでは主にコムギやオオムギなどの麦類が栽培されるが、三〜五倍程度の収量しか得ることができなかった。一方、日本ではイネが栽培されるが、同じ一五世紀の室町時代の日本では、イネは播いた種子の量に対して二〇〜三〇倍もの収量が得られたのである。

もちろん、これは土地の生産力の違いだけでなく、ムギとイネという植物の違いもある。化学肥料が発達した現在で比較しても、コムギは播いた種子の二〇倍前後の収量であるのに対して、イネは一一〇〜一四〇倍もの収量である。イネは生産力がずば抜けて高いのである。

それでは、ヨーロッパでもイネを作れば良いと思うが、イネを作るには大量の水が必要である。雨が多く、水が豊富にある日本だからこそ、イネを作ることができたのである。

それだけではなく、日本でもコムギやオオムギを作った。しかも、日本では稲刈りが終わった後の田んぼにムギの種子を播き、一つの田んぼでイネとムギを栽培する二毛作を行っていたのである。これに対して、ヨーロッパでは、ムギは毎年、栽培することができず、ムギを刈った後は休閑地として休ませたり、クローバーなどの緑肥作物を栽培して、ローテーションを行った。日本ではイネとムギの両方を作っていたのに、ヨーロッパでは数年に一度しかムギを作ることができなかったのである。

しかも、ヨーロッパでムギを作ることができたのは恵まれた土地である。寒冷な気候で、やせた土地では、ムギを作ることはできなかった。そのため、牧草を育てて、家畜を育てたのである。

前章で説明したように、イネ科の植物の固い茎や葉は、人間は食糧にすることができなかった。そこで、イネ科植物を家畜に食べさせて、肉や乳製品を食糧にしたのである。

江戸の大人口を支えたある条件

一八世紀、江戸時代中期の江戸の街の人口はすでに一〇〇万人を超えていた。これは当時、世界一の人口の大都市であったとされている。大都市であるロンドンやパリよりも人口が多かったのである。

世界一の人口と簡単に言うが、たくさんの人が集まるには、いろいろな条件が要る。

人は誰しも腹が減る。日々、一〇〇万人の人々の腹を満たしていかなければならないのである。これは、日本の食料生産の豊かさによって可能になったのである。

日本はヨーロッパに比べると、平野が少なく国土が狭い。しかし、江戸時代の日本には、すでに二千万〜三千万人の人口がいた。これは、日本では狭い農地で、十分な食料を得ることができたからである。

生産性の低いヨーロッパの農地で収量を上げようとすれば、農地の面積を広げるしかない。狭い土地で頑張っても収量は増えることなく、それよりも少しでも土地を広げて牛を一頭でも多く飼う方が良い。ヨーロッパでは伝統的に土地を広げ大規模にする努力が行われ、粗放的な農業が発達した。

一方、日本では土地の潜在的な生産性が高い。手を掛ければ掛けるほど、収量は増える。同じ田んぼを工夫すれば、イネとムギの両方を作ることができるし、畑でも手を掛ければ、さまざまな野菜や作物を作ることができる。

そのため、日本では限られた面積の中で、いかに手を掛けて、収量を増やすかに努力が払われてきた。もっとも、こんなにていねいに手を掛けていれば、限られた労力で田畑の面積を増やすことはできない。こうして、日本では伝統的に小規模で集約的な農業が発展を遂げてきたのである。

カロリーベースで日本農業は世界一！

日本は農業生産力の豊かな国である。

しかし、そう言われても首をひねる方も多いだろう。

日本は工業立国であり、農業は脆弱であると言うのが、日本の農業に対する一般的なイメージかも知れない。しかし、そんなことはない。現在でも日本の農業生産力は世界の中でも有力なのである。

農業大国と言うとアメリカやオーストラリア、フランスなど国土が広く、見渡す限り広大な農地が広がっている国の印象がある。それに比べると日本は国土が狭く、しかも山ばかりで平野が限られている。その限られた平野も、都市的な施設と農地とが、狭い土地を奪い合うように、ひしめき合っている。とても農業大国とは程遠いように見える。

農家の経営規模を見ると、日本の農家の平均耕地面積は二ヘクタール（二〇一〇年世界農林業センサス）である。

これに対して、ヨーロッパでの農家の平均耕地面積は、フランスで五三ヘクタール、ドイツで五六ヘクタール、イギリスで七九ヘクタールである。アメリカは一七〇ヘクタール、オーストラリアにいたっては二九七〇ヘクタールである。これだけ見ると、日本の農家は規模が小さく、国際競争力がないように思える。

ちょっと違ったデータで見てみよう。一アールの面積で、どの程度の、食糧を得ることができるかをカロリーベースで示してみることにしよう。

日本では、一アールで、一〇万キロカロリーの農作物を生産することができる。一方、アメリカは二万八千キロカロリーであり、オーストラリアは、一万一千キロカロリーに過ぎない。日本の生産力は、世界一高いと言える。

アメリカやオーストラリアは、広大な面積を誇っているが、主に栽培しているのは、牧草やトウモロコシなどの家畜の餌や、ナタネなどの油の原料である。

日本のように、手間ひまを掛けて、米や野菜などの食糧を生産しているわけではないのである。

どうして日本の食料自給率が問題になるのか?

日本の農業はダメだとよく言われる。そんな日本の農業の脆弱性を示す指標としてよく言われるのが「自給率」である。

日本の自給率はカロリーベースでおよそ三九パーセント。つまり、六一パーセントを海外に依存していると言うのである。この数字は、先進国では最低であると言われている。

しかし、日本の主食であるコメの自給率は一〇〇パーセントを超える。また、野菜の自給率は八〇パーセントである。主要な食糧である米と野菜がこれだけ作られていれば、十分な気がする。

それでは、どうして日本の食料自給率がこんなに低いのかと言うと、主には家畜のエサとなるトウモロコシやダイズなどの自給率が、ごくわずかだからである。

肉の自給率を見ると、牛肉が四〇パーセント、豚肉が五〇パーセントであり、牛乳の自給率は六〇パーセントである。しかし、肉や牛乳を生み出す家畜のエサの自給率が二五パーセント程度しかない。そのため、カロリーベースの自給率が低くなってしまうのである。

確かに、日本の食料自給率は一九六〇年代には七〇パーセント以上あったのに対して、それから半世紀の間に四〇パーセント程度にまで低下してしまっている。

しかし、世界で自給率が高い、低いと大騒ぎしている国など日本以外にない。そもそも日本で自給率が問題になるのは、自給できる力が高かったからである。

すべてを植物から作る国

日本は江戸時代に鎖国を行い、海外との交流を絶った。

しかし、鎖国を行うことができたということは、輸入に頼らなくても自活することができたということである。

実際に、江戸時代には、日本は食糧のほとんどすべてを自給していた。

江戸時代の日本は、すでに人口の密集した国であった。日本のような人口の多い国が、自国ですべてのものを自給していたというのは、とても珍しい。

それだけではない。日本は衣服も、家の材料も、エネルギーさえすべて自給していた。

その自給を支えたものが、日本の豊かな植物である。

イネを栽培して得られるものは、米だけではない。イネの茎である藁からは、わらじや草履などの履物や、雨具である蓑や、俵などが作られた。また、ススキなどの茅は茅ぶき屋根の材料となった。

衣類の材料とする繊維を取るために、アオイ科のワタやアサ科のアサを栽培し、クワ科のクワを栽培してカイコを飼育して、絹を生産したのである。さらに衣類を染める染料としてタデ科のアイやキク科のベニバナなどを栽培した。

紙の材料のために栽培したのは、クワ科のコウゾやジンチョウゲ科のミツマタである。イグサからは畳表が作られ、カサスゲという植物は菅笠の材料となった。

また豊富な植物は家畜の餌となったり、田畑の肥料となったりもした。

エネルギーはどうだろうか。油を取るための植物として、アブラナ科のナタネや、シソ科のエゴマなどを栽培した。そして、ウルシ科のハゼからは蠟を取り、ろうそくを作ったのである。こうしてエネルギーさえも、植物から得ていたのである。

かくのごとく、ありとあらゆる植物を利用していたのである。

現代の私たちはエネルギーはもちろん、プラスチックや化学繊維など、ありとあらゆるものを石油などの限りある資源から作っている。そして、食糧を輸入するためにも、多くの化石燃料を使っている。

何億年も前の大昔に作られた石油などの化石燃料がなければ何もできないのだ。

一方、江戸時代はすべてを植物から作っているから、資源は枯渇することなく、再生産が可能である。限りある資源を食いつぶしている現代人と比べて、すべてを植物から作り上げた江戸時代の人たちが劣っているとは言えないのである。

輸入に依存する農業大国フランス

農業生産性の低い西洋の国々では、昔から他国と物流を行ったり、植民地を使って農産物を生産してきた。

ヨーロッパにも自給率が一〇〇パーセントを超えるフランスのような農業大国があるではないか、という意見があるかも知れない。確かに日本の食料自給率がカロリーベースで三九パーセントであるのに対して、フランスの食料自給率は一二九パーセントである。

しかし、フランスは食料自給率が一〇〇パーセントを超えているからと言って、食糧を輸入していないわけではない。

フランスは農業大国であり、世界に食糧を輸出している。しかし、じつは、輸入も多い。フランスの食料の輸入金額は、日本と同程度である。

しかも、フランスの人口は六五〇〇万人、日本の半分強しかない。そのため、一人当たりの輸入金額で考えると、七二二ドル、これは日本の三六〇ドルの二倍程の金額である。

ちなみに一人当たりの輸入金額の一位は英国の八八〇ドル、二位はドイツの八五一ドル。農業大国のように思えるヨーロッパの国々は、どこも日本以上に、輸入に依存しているのである。

世界で急速に進む農地の荒廃化

日本では農業や農村は、自然を守っているというイメージがあるが、世界を見渡せば、農業は自然の破壊者であると見なされることが多い。

一つには農地開発である。

農業を行うためには、農地が必要となる。海外では、農業生産力は農地の面積に比例する。農業生産性を高めるためには、農地を拡大しなければならない。そのため、森林を破壊して、農地を広げていかなければならないのである。

現在でも世界のあちらこちらで自然を破壊し、森林を伐採して、農地の開発が行われている。

しかし、大規模な農地の開発が行われているにもかかわらず、世界の農地面積は増えていない。これは、どうしてなのだろうか。

じつは、農業を行うことによって農地が荒廃し、作物の栽培ができなくなっているのである。

たとえば、農地で作物を栽培すれば、作物が土の中の養分を吸収する。そのため、土の中の栄養分は失われて、やせた土地になっていってしまうのである。もちろん、作物を栽培するためには肥料分を施与するが、化学肥料で補える栄養素は限られている。こうして、やせた土は、砂のようになり、流れ出ていってしまう。じつは、現在では、世界の農地の四〇%で、このような土壌浸食が問題になっている。特に、巨大な食糧生産大国であるアメリカでは七五%もの農地で土壌浸食が起こっていると言うから、深刻である。

土は無限にあるわけではない。土は有機物が分解して作られる。たった一センチメートルの深さの表土が生成されるのに、およそ二〇〇~三〇〇年かかると言われている。つまり、作物を栽培する三〇センチメートルの深さの土を作るためには、六〇〇〇~九〇〇〇年という途方もない歳月を要するのである。その表土が、いま、見る見る失われているのだ。

農業による環境破壊

もちろん、やせた土にならないように、人間は肥料を撒く。しかし、その肥料もまた、砂漠化の原因になっている。

作物を栽培するために農地に水を撒くと、土にしみこんだ水に土の中のミネラルなどの栄養分が溶け出す。日光に温められると土壌表面の水は蒸発し、栄養分を含んだ土の中の水は地表面に上がっていく。そして、水が蒸発してしまうとミネラルなどの栄養分だけが、土壌表面に残ってしまうのである。こうして、土壌表面に栄養分は蓄積して、濃度を高めていく。作物を育てるのに、栄養分は必要であるが、適量がある。あまりに高濃度になると、逆に植物に害を与えてしまう。こうして、土壌表面に蓄積されたミネラルなどによって、土地は植物が育たない環境になる。そして、砂漠と化していくのである。この現象は、「塩類集積」と呼ばれている。

古代に繁栄を遂げたメソポタミア文明は、この塩類集積によって滅亡したとされている。しかし、科学が進歩した現在でも塩類集積は大きな問題となっている。いまでも、農業による地力の低下や塩類集積によって、一年間に五〇〇～六〇〇万ヘクタールもの農地が砂漠と化している。驚くことに、これは日本全体の農地面積よりも大きな面積である。

さらに近年では、水資源の不足が指摘されている。

水の惑星と言われる地球ではあるが、その多くが海水や地下水であり、実際にわれわれが利用できる水資源は、わずか〇・三％に過ぎない。その限られた水の、じつに約三分の二が農業用水として利用されている。そして、農業の発達と拡大は、地球規模の水不足を招いているのである。

中国大陸を流れる黄河は全長五五〇〇キロメートルにも及ぶ有数の大河である。しかし、農業用水として水を使いすぎたことによって、下流部では水がなくなる断水が起こっていると言う。また、ロシアのアラル海は、かつて世界で四番目に大きい湖として知られていた。ところが農業用水として水を利用するようになってから、アラル海は見る見る小さくなり、ついに消失してしまったのである。

このように農地の開発や、地力の低下、塩類集積、水資源の不足など、農業は環境を破壊している。にもかかわらず、なぜか日本では農業による環境破壊はピンとこない。それも無理はない。このような環境破壊は日本では起こりにくいのである。

砂漠化しない日本の農地

日本では、農業を行うことによって農地が砂漠化したとか、農業が環境を破壊するという話はあまり聞かない。これは、日本の農業やアジアにある田んぼというシステムによるものである。

日本では農業生産量の拡大は、必ずしも農地の拡大を必要としない。古くから日本では、限られた農地を有効活用し、手間ひまを掛けることによって農業生産性を高めてきた。それが、日本の農業である。

また、日本は雨の多い水資源に恵まれた国である。

日本に広がる水田は、水を蓄えるだけでなく、豊富な水を掛け流しているくらいである。

世界の農地で問題になっている土壌の流亡はどうだろうか。日本の国土を覆う田んぼは、畦で周りを囲み、土が流出するのを防ぐ砂防ダムの役割をしている。

それでは、世界の農地を砂漠化している塩類集積はどうだろうか。

土壌表面に塩類が集積するのは、水分の蒸発によって土の中から水が上がってくるためである。雨の多い日本の畑地や、水を張っている田んぼでは塩類集積は問題にならない。

また、作物を栽培することによって、土の中の栄養分が奪われるが、これも日本では問題にならない。田んぼでは、山の森から流れる栄養分が田んぼを潤していくし、落ち葉や刈り草などの豊富な植物資源を利用して、昔の人たちは有機物を常に補給してきたのである。

毎年、イネが作れる奇跡

日本では、毎年、当たり前のように田植えをしてイネを育てる。

これも世界的に見れば、極めて珍しいことである。

農作物を栽培するときには、「連作障害」が問題になる。毎年、同じ作物を連続して作ると、うまく育たなかったり、枯れてしまったりする。そのため、作物の種類を変えなければならないのである。

ところが、田んぼは毎年、同じ場所でイネばかりを作っている。それなのに、どうして連作障害が起こらないのだろうか。

連作障害の原因には、作物の種類によって土の中の栄養分を偏って吸収するために、土の中の栄養分のバランスが崩れてしまうことや、作物の根から出る物質によって自家中毒を起こしてしまうことがある。あるいは、同じ作物を栽培することで、土壌中にその作物を害する病原菌が増えてしまうということがある。

ところが、田んぼは水を流すことによって、余った栄養分は洗い流され、新しい栄養分が供給される。また、生育を抑制する有害物質も洗い流してくれる。さらには、水を入れたり乾かしたりする田んぼでは、同じ病原菌が増加することも少ない。

そのため、田んぼでは連作障害が起こらないのである。そして、田んぼというシステムを可能にしているのが、日本に降り注ぐ豊富な水資源なのである。

イネは何千年もの昔から、ずっと同じ場所で作られ続けてきた。これは、世界の農業から見れば、まさに奇跡である。

一方、ヨーロッパの畑で作られるムギでは、連作障害が問題となる。そのため、かつてヨーロッパではムギの刈り跡に家畜を放牧して休閑する三圃式農業が行われていた。現在でも、ムギ栽培と家畜飼育を組み合わせた混合農業が行われている。こうして連作障害を防ぐとともに、地力を回復させるのである。環境を保全しながら持続的にムギを栽培しようとすれば、同じ農地で収穫できるのは数年に一度ということになる。ところが、イネは毎年、作ることができる。それどころか、かつて日本の田んぼでは、イネを作った後に冬作としてムギを栽培する二毛作が行われていた。連作できるどころか、一年のうちにイネとムギを収穫することさえ可能だったのだから、ヨーロッパの麦畑からすれば、考えられないほど高い生産力を誇っていたのである。

世界の食糧不足に貢献できない日本農業

世界がうらやむ豊かな自然、そして豊かな自然に支えられた高い農業生産力。

世界の農業が環境破壊を招き、生産力の低下に直面しているのに対して、日本ではそのような問題は起こっていない。それなのに、日本の農家戸数の減少や農家の高齢化によって農地は減少していると言う。

日本では三八万ヘクタールもの農地が、耕作放棄地となっている。これは、全農地の一割弱にあたり、じつに東京都の面積の一・八倍もの面積となる。

耕作放棄地だけでない。作物を栽培せずに休閑している休耕地もある。何も作付けされない田んぼは一四万ヘクタール、畑は六万ヘクタールである。豊かな日本の環境では、毎年、作物を作ることが可能である。にもかかわらず、じつに広大な面積の農地が、作物を作ることなく放置されているのである。

世界は、間違いなく食糧不足に直面している。

人口は急増し、現在では世界人口の七〇億人のうち、八億人弱の人々が飢餓と戦っていると言う。一方、中国やインドなどの新興国では、食生活の富裕化が進み、豊富な食糧が求められている。世界一の輸出国であった中国は、いまや世界有数の食糧輸入国となっているのである。

このような食糧の需要の増加に対して、世界では森を破壊し農地を拡大し、農地の地力を奪い土地を荒廃させながら、食糧を生産している。しかし、生産力の低い世界の農地では、思うように食糧増加に結びつかないのが現状である。

農業は環境の破壊者である。それでも、人は食べていくためには、農業をするしかない。

そして、世界の農地は明らかに足りない。

それなのに環境を破壊することなく高い生産性を発揮できる日本の農地が、世界の食料不足に対して、まったく貢献できていないというジレンマがある。

田んぼは知恵の結晶

ヨーロッパの田園風景は、広大な草地や牧場によって作られているように、日本の農村の風景を構成する代表的なものは「水田」だろう。

田んぼという風景は、当たり前すぎて、農家の人たちは田んぼを前にしながら、「おらの村には何もない」と言ったりする。そして、田んぼが埋め立てられてコンビニでもできれば、「何もなかったところに店ができた」と言ったりする。それくらい日本人にとって田んぼというのは当たり前にあるものなのである。

しかし、よくよく考えてみれば、田んぼというのはすごい場所である。そして、それを作るのには多大な労力を必要とする。

たとえば、当然のことだが、田んぼを作るためには、水路を作り、どこからか水を引いてこなければならない。あるときは、トンネルを掘り、あるときは橋を架けて、先人たちは川から水路を引いてきた。

そして、これも当然のことだが、水路はすべての田んぼを潤すように、水を流さなければならない。広大な平野に一面に広がる田んぼの一枚一枚に、水がいくように水路は通っている。何千枚という棚田があれば、その一枚一枚に水が行きわたるように、水の流れは設計されている。田んぼに水が引かれるというのは、相当の労力と、相当の知恵を要する作業なのである。こうして、途方もない労力と時間を掛けて、人々は田んぼを築いてきた。

日本の平野に引かれた水路の長さは四〇万キロメートルにもなると言われている。これは地球を一〇周する距離に相当する途方もない長さである。

田んぼがあるということは、当たり前のことではなかったのである。

雑草が水田稲作を発展させた

日本では、水を張った田んぼでイネを作る水田稲作が行われている。

しかし、これもまた当たり前のことではない。確かにイネは、もともと湿地性の植物であったと考えられているが、水がなくても育つように改良された陸稲と呼ばれる種類もある。

実際に現在でも水田ではなく、畑で稲作を行っている例も多い。

確かに、日本は雨が多く水が豊富なので、水田稲作に向いている。しかし、水を引いてくる水田稲作は、多大な労力を必要とする農法でもある。

どうして、日本では畑でイネを作る陸稲栽培ではなく、水田でイネを栽培する水田稲作が行われてきたのだろうか。それは、水田稲作が雑草を防ぐのに有利だからなのである。

確かに田んぼにも雑草は生える。農家の人たちは、何度も何度も田んぼに入って、草取りをしなければならなかった。しかし、田んぼのような湿地に生えることのできる雑草の種類は、畑に生える雑草に比べて、圧倒的に少ない。

畑であれば、草取りを怠れば、すぐに草まみれになってしまうが、田んぼであれば、すぐに雑草だらけになるということはない。

しかも、田んぼは普通の湿地と違って、水を入れたり、水を抜いたりすることができる。このように湿った条件と乾いた条件をくりかえす環境で生えることのできる雑草の種類はかなり限られる。

また、水田稲作では、当たり前のように「田植え」をする。苗を植えるのは、雑草対策によって発達した技術である。古代には、イネも種子を直接播いて、栽培が行われていたと考えられている。

しかし、高温多湿な日本では雑草がすぐに生い茂ってしまう。そして、イネの生育が雑草に負けてしまうのだ。わざわざ苗を作って植えるのは、雑草に負けない大きな体を作ってから田んぼで育てるためなのである。

田んぼに水を張る。田植えをする。

こんな当たり前に見える農作業も、雑草対策として発達した技術であった。つまりは、見方を変えれば、日本の雑草が作り上げたものなのである。

日本に植物の分類学はない

お婆さんの植物学

畦の草刈りをする農家のお婆さんと畦道を見ていたときのことである。驚くことに、そのお婆さんは、鎌で草を刈りながら畦に生えている雑草の名前を次々と言っていく。しかし、なぜかイネ科の植物については、まったく名前を区別していなかった。「これは○○、これは○○」と次々に細かく名前を言い当てていくお婆さんが、イネ科雑草はどれもこれも、みんな「ちょうな」と呼んでいるのである。

お婆さんは、私に雑草の名前を教えてくれながら、「これは食べられる」「これは薬になる」と、その利用方法を教えてくれた。そして、利用できない植物がすべて「ちょうな」

なのである。つまりは、雑草である。よく見ると、お婆さんは役に立つ植物を残しながら、ちょうなはすべて鎌で刈り取っていた。

また、あるときは山村に野山の植物を何でも知っているという有名なお婆さんを訪ねた。そのお婆さんから植物の知恵を聞き取った植物図鑑まで出ているほどの人だ。そのお婆さんと道を歩きながら、よく目立つ花を咲かせているある雑草を指さして私はその名前を聞いた。雑草の名前はマツヨイグサ。明治時代に海外から日本に入ってきた雑草だが、花が美しいことから、詩歌や文学にもよく詠まれる雑草である。そのマツヨイグサは、詩歌の中では「宵待草」や「月見草」などさまざまな名前で呼ばれている。そのマツヨイグサが、何という地方名や方言名で呼ばれているのか、知りたかったのである。

しかし、そのお婆さんは、目立った花を咲かせるその植物を一目で見るなり、私にこう言った

「それかい。それはね、雑草だよ」

ここに紹介したお婆さんたちは、植物学者ではない。食用にしたり薬用にしたり、暮しの中で使う植物は知っておく必要があるが、それ以外の植物に興味はない。だから、雑草なのである。

豊かな自然の中で、日本人は植物を巧みに利用してきた。この「利用」という観点から

植物を見る見方こそが、日本人の自然観であると私は思う。

植物学のはじまり

植物学は、植物を分類する分類学として発展をしてきた。似た種類の植物をグループにして、形の違う植物を別のグループに分けていく。これが分類学である。

たとえば、日本の小菊の花はキク科の植物である。また、ヨーロッパ原産のマーガレットやコスモスも同じキク科の植物である。これが、植物の分類である。

現在でも、植物を勉強するということは、植物の名前を覚え、植物が何科のグループに属するかを覚えることから始まる。

西洋で植物学が誕生したのは、古代ギリシア時代のことである。古代、植物学の祖と呼ばれているのが、テオプラストスである。

テオプラストスは、植物を樹木、低木、亜低木、草の四つに分類した。そして、系統樹を作り、植物を族、科、属というグループに分ける方法で整理をしたのである。これは、現在の生物の分類の基礎となるものである。

そして、一八世紀の植物学者リンネが、現在の分類学の基礎を築いたのである。現在では、遺伝子を解析することによって、さらに詳細な分類が可能になっている。

こうして、植物学は、植物を分類することから始まり、植物を分類することによって発展していったのである。

一方、日本では、植物学は中国から伝わった本草学として発展した。本草学では、植物を中心に薬用の観点から分類している。

日本の本草学もそれに倣っているので、植物を利用の視点から見ている。つまり、利用できるかどうかが、分類の大きな基準となっていたのである。

日本人は用途で植物を区別する

飲料の「茶」はチャという植物から作られる。チャはツバキ科の低木である。ところが、もともと「茶」という字は、ニガナ（苦い菜である）というキク科の植物を意味する言葉であった。「茶」は、飲料にする植物という意味があるのである。

釈迦の生誕を祝う花祭りに飲む「甘茶」はアマチャという植物から作られる。アマチャは、ユキノシタ科のアジサイの仲間の植物で、ツバキ科のチャとは似ても似つかない。しかし、「茶」の仲間とされているのである。チャの代わりに飲まれたカワラケツメイは、ネムノキに似ていることから「ねむ茶」と呼ばれたり、豆をつけることから「豆茶」と呼ばれていた。カワラケツメイは、マメ科の植物だが、茶の仲間とされているのである。

このように日本では、植物学的な分類ではなく、用途で植物を分類しているのである。

食べられる植物は「菜」と呼ばれる。

小松菜や野沢菜、白菜はアブラナ科の野菜である。菊菜や水前寺菜はキク科の野菜である。空芯菜はヒルガオ科、ひゆ菜はヒユ科の野菜である。雑草にも「なず菜」という種類がある。ナズナは、ぺんぺん草の別名を持つ雑草だが、野菜としても食べられた。だから、「菜」なのである。

他にも繊維になる植物は「麻」と呼ばれた。それぞれ、大麻はアサ科、苘麻(ぼうま)や黄麻はアオイ科、苧麻(ちょま)はイラクサ科、亜麻はアマ科の植物である。

また、敷き物にする植物は、「藺(い)」と呼ばれた。「藺」と呼ばれる植物には、大きくイグサ科の植物と、カヤツリグサ科の植物がある。イグサ科とカヤツリグサ科は植物の分類では異なるが、その用途が同じだから、どちらも「藺」と呼ばれているのである。

こうして、日本では植物学的な分類ではなく、使い道によって分類してきたのである。

この分類は、西洋で発生した自然科学とはまったく別の分類なのである。

日本の分類は使いやすい

西洋の体系的な分類学に比べて、利用方法で区別する日本の分類は、いかにも非科学的な感じがするかも知れない。しかし、そうとばかり言えないのではないだろうか。

確かに、日本の伝統的な分類は、あいまいである。たとえば、動物のタヌキはイヌ科、アナグマはイタチ科に分類される。タヌキとアナグマは、明らかに違う生物だが、昔の日本の人たちは、狸と呼んだり、貉（むじな）と呼んだり、しっかりとした区別はしていなかった。また、昔の人たちは、コウノトリ科のコウノトリも、ツル科のツルも混同していて、しっかりとした区別はついていなかった。

だからと言って、日本人は自然に疎いかと言うとそうではない。

たとえば、同じブリという魚でも、日本人は、成長過程によってハマチやイナダと呼び分ける。それは、味が違うからである。分類学では、ハマチもイナダもブリ（*Seriola quinqueradiata*）と分類される。これは、魚を食べる日本人からすると実態にそぐわない。

それでは、竹と笹はどう分類されるだろうか。

竹は大きくなるし、笹は小さい。しかし、大きいと小さいの境界は難しい。

西洋的な植物分類学の考え方では、成長するにつれて、タケノコの皮がはがれ落ちるのが竹、成長しても枯れるまで皮が残っているのが笹と明確に分類されている。ちなみにオカメザサという植物は、小さいので日本語では「ササ」と呼ばれているが、皮がはがれ落ちる性質をもっているので、正確には竹となる。

しかし、どうだろう。植物学を研究している人でなければ、皮が落ちるか残っているかなどどうでもいいことだ。

じつは、英語では、竹も笹も「バンブー」である。

しかし、それを利用する日本人にとっては、大きく育って丈夫な竹は、建築資材にしたり、節を取って入れ物にしたりする。笹は小さいので、笹の葉を摘んで食べ物を包んだり、刈り取って畑に敷いたりした。そう考えれば、小さなオカメザサは、やっぱり笹である。

あるいは、イネはさまざまな品種があるが、分類学的な種名はすべてイネである。分類学では、イネの中には、日本で栽培される米の粒の丸い短粒種（ジャポニカ）と米の粒が細長い長粒種（インディカ）に分類する。これは、西洋の植物学的な分類である。

一方、日本では、「糯（もち）」と「粳（うるち）」に分類する。糯はもち米であり、粳は一般に食べるものである。日本の分類は、食べ方の分類である。そのため、ジャポニカの中にも糯と粳があり、インディカの中にも糯と粳があることになる。

こうして、日本人は、学問的にも自然を利用する立場から分類をしていたのである。

西洋の分類学が正しいとは限らない

科学的な分類学が正しいとは限らない。未だに、学者たちによってどのように分類すべきか議論が紛糾しているものもある。

たとえば、タマネギは、少し前まではユリ科に分類されていたが、その後、ネギ科に分類されて、いまではヒガンバナ科に分類されている。タマネギのような、誰でも知るような植物でさえも、未だに分類が定まっていないのである。

生物の分類の基本単位を「種」という。

イヌやネコというのが、生物種の単位である。イヌはイヌ科というグループに属し、ネコはネコ科というグループに属している。

イヌとネコは、見るからに違う。これは誰でも区別できるだろう。しかし、分類学では、オオカミとイヌとは同じ種であるとしている。生物種は、「他の個体群と交配しない生殖的隔離機構があること」で区別される。イヌとオオカミは、交雑をすることができる。そのため、同じ種なのである。ただし、イヌとオオカミは、まったく同じということではない。そこで、種の下に、もう一つ亜種という階層を設けて、イヌとオオカミは同種だが、亜種が違うということになっている。

種の概念は、動物では明確ではあるが、植物ではなかなか当てはまらない。

植物は、別種とされていても、種間交雑して種子を作ることがある。また、植物は種子を作らずに、もっぱら栄養繁殖で増えるというものも少なくない。タンポポとアサガオが違うことは幼稚園児でもわかるのに、両者の「種」という概念は、未だに明確になっていないのだ。

分類学の父と呼ばれるリンネは、学名をつけ一つ一つの生物種を分類した。その当時は、幼い子どもたちがそうであるように、見た目で生物種を分けていた。しかし、分けていたはずの二つの生物が、交雑して雑種が生まれたり、連続的に形態が変化したりして明瞭に線引きできないものも多い。

このような問題に対して、進化学者のダーウィンは、「もともと分けられないものを分けようとするからこんなことになるのだ」と記している。ダーウィンは、生物種は神が作ったものではなく、進化してきたことを明らかにした。そのため、種は変化し続けているとしたのである。

それも、仕方のない話である。そもそも、自然界には区別はない。区別しなければならない理由もない。それを、人間の頭が理解しやすいように、人間は区別して整理しようとしているのである。

自然界に区別はない

世界は一つである。世界地図に境界線が描かれているわけではない。しかし、それでは人間が管理するのに都合が悪いから、人はそこに国境を引き、県境を作って区別していくのである。

富士山はどこまでが富士山だろうか。富士山のすそ野は広がっている。この大地に、ここからが富士山だという境界線はない。日本列島は大地でつながっているから、境界線がないのであれば、どこまでも富士山である。しかし、富士山は静岡県や山梨県にあるものであって、東京や名古屋も富士山のすそ野の一部だとは思わない。

いや富士山の地形は、海の底へとつながっている。地形だけ見れば、富士山はアメリカ大陸とつながっている。

陸と海の境目も怪しい。海と陸とは海岸線で区別されているように思えるが、海面の高さは、波によって常に動いているし、潮の満ち引きによっても変わる。

本当は、自然界にあるものに一切の境はない。境目というのは、分類し、理解をするために人間が勝手に定めたに過ぎないのである。

たとえば、イルカとクジラは、どこが違うだろうか。

イルカとクジラは見るからに違うが、その境界は難しい。分類学では、単に大きさが三メートルよりも小さい種類をイルカ、三メートルよりも大きい種類をクジラと呼んでいる。生物学的にイルカとクジラの明確な違いがあるわけではないが、人間が勝手に線引きをしているのである。

生物の世界を、どのように区分すべきか。驚くことに科学技術が進んだ現代においても、その分類方法が確定しているわけではない。

植物と動物とは明確に分かれると思うかも知れないが、ミドリムシのように植物と動物の両方の特徴をもつ生物も存在する。ミドリムシは葉緑素をもち光合成を行うが、動物のように動き回る。そのため、ミドリムシは植物図鑑にも動物図鑑にも載っているのだ。

自然界は何の境界もないボーダレスの世界である。しかし、知識で情報を整理する人間は、境界を作って区別しないと理解できないので、線を引いているのである。系統分類とは言っても、所詮は、人間が自分たちのために作った分類に過ぎないのである。

分類とは、そういうものなのだ。

青と緑の区別が難しい

西洋人は、自然界を分類し、整理してきた。これは、ごく自然なことである。たとえば一〇種類の模様があったとすれば、形や色などで分類したくなる。そうすることで人間の脳は整理して理解するのである。ところが、何千、何万種類とあったとしたらどうだろう。こうなると、とても人間の頭では整理ができない。

緑色と青色は、明らかに違う。

しかし、日本の伝統色では、緑青（ろくしょう）や翡翠色、青緑など、青色とも緑色ともつかない色がたくさんある。青色と緑色の境界はあいまいで、とても分けることができない。そのため、青葉や青菜という言葉に代表されるように、緑色と青色があいまいで、緑色のものも「青」と呼ぶのである。

青と緑の区別がつかないのは、色を見る目がないからではなくて、色の種類が多すぎるからなのである。

西洋では、自然は比較的、単純なので、人はそれを見ると区別をしたくなる。こうして分類学が発展するのである。一方、日本は自然が豊かで生物が多様すぎる。その豊かさはとても、人間が整理できるものではない。だからこそ、日本では、分類学は進展してこなかったのである。

西洋科学は細分化し、区別し、比較する

西洋のキリスト教の世界観では、世界は神が創り上げたものである。

そのため、世界には秩序があるはずである。その神が創った秩序を、明らかにしていくのが、西洋で生まれた自然科学である。

こうして、人々は自然を整理していった。西洋は生物の種類も少なく、生態系も単純である。そのため、自然の仕組みを整理しやすいという面もあったことだろう。

そして、自然を克服し、神が与えてくれた自然の産物を人類の幸福に活かすために、西洋では自然科学が発達を遂げていった。

人間の脳は、複雑なことを複雑なまま理解することはできない。そのため、単純化して整理して理解する必要がある。

物事を細分化して、区別して、比較する。これが科学の基本的な手法である。

たとえば、本著では日本と西洋の比較をしているが、日本の森と西洋の森を比較することにしよう。日本の森と西洋の森は、まったく違う。どこが同じ森かと言うくらいだろう。しかし、まったく違うと言うだけでは科学にはならない。そこで、森を構成している要素を、植物、動物、鳥、土、気候など、細かく分類していく。そして、日本の植物と西洋の植物、日本の土と西洋の土というように、一つ一つの要素ごとに比較をしていくのである。

もちろん、植物どうしを比べてもまったく違う。そこで、「植物の種類数」や「主な木の種類」「広葉樹と針葉樹の割合」というように、さらに細かく分けて比べていくのである。

まさに、同じような二枚の絵を見比べながら、この辺りが違うのではないかと当たりをつけて比べていく、間違い探しのようなものである。

また、日本の森に生えている木と西洋に生えている木を比較しようとすれば、単純に比較はできない。仮に日本の木の方が高いという結果が出たとしても、それが木の種類の影響なのか、土の影響なのか、気候の影響なのかわからないのである。そこで、複雑な自然は、単純化して比較される。それが「実験」である。

気候や土の条件を同じにして、同じ場所で両方の木を栽培すれば、本当はどちらの木が高くなるのか比べることができるだろう。

こうして、複雑なものをできるだけ単純化して、理解していく。

このような科学的な作業を進めることは、西洋の人々の論理的な思考を発達させたことだろう。

また、西洋の考え方では、人間は自然の外側にいる。そのため、自然というものを客観的に観察したり、実験したりすることができたのである。

日本の森と西洋の森はどこが違うのか

現在は、科学至上主義である。

しかし、このような西洋科学は、科学の時代である現在であっても万能ではない。

西洋の科学の手法は、二枚の絵を比較しながら間違いを探すクイズのようなものだと述べた。この方法では、二枚の絵が違うということはすぐに明らかにできる。しかし、もし二枚の絵が同じだった場合、同じであることを証明することはできないのだ。どんなに目を皿のようにして比べて間違いがなかったとしても、顕微鏡で見れば微細な違いがあるかも知れない。インクの成分が違うかも知れない。どこまで比較を繰り返しても、同じであるということは説明できないのだ。

現代で言えば、危険であることは説明できても、「絶対に安全である」ということを説明することはできない。しらみつぶしに危険の要素を調べても、それ以外の要素がないとは限らないからである。

単純化による間違いもある。

たとえば、先述の例で、日本の森の木は、西洋の森の木よりも高かったとする。日本の森と西洋の森は違いが多すぎて、比較ができないから、要素に分けて比較する。

土を比較してみると、日本の土が良かった。だから土の影響だと結論する。しかし、実際には木の成長は土だけで決まるものではない。気温も影響しているかも知れないし、湿度が影響しているかも知れない。雨の量が影響しているかも知れない。微生物が影響しているのかも知れない。それどころか、それらの要因は、単独で働くのではなく、それぞれが関係しながら木の成長に影響を与えていく。もしかすると、いくつかの要因の相乗効果があるかも知れない。本当は土は影響していないが、他の条件が取り除かれたときに、良い要因をもたらすのかも知れない。

このように、単純比較をすることによって、実際に起こっている現象が見えなくなってしまうのである。

この問題は現在でも起こる。たとえば、化学物質の一つ一つは安全だが、それをまとめて摂取すると、もしかすると害をもたらすかも知れない。しかし、多くの化学物質の組み合わせは無数だから、相乗的な効果はとても明らかにすることができない。

これが科学の限界である。

本当は科学も万能ではなく、わからないことが多いのだ。

部分に分けない考え方

これに対して、日本を含む東洋の考え方は、分けることがない。

全体的なものは全体的なままに、総合的なものは総合的なままに、そして、複雑なものは複雑なままに、把握しようとする。

この違いのわかりやすい例が、医学だろう。

西洋医学は、部分に分けて対処する。病院は、外科や内科、循環器科、皮膚科、眼科、耳鼻科と細かく分かれるのである。

さらに胃が悪い、腰が悪いと部分的に分けて、対処していく。そして、血圧や血糖値など、指標を数値化して、理解していくのである。これは、まさに科学の手法である。

このように複雑なものを単純化して、一部分を切り取ることによって、わかりやすくする。この手法によって、体を治していくのである。これが西洋の科学である。

物事は単純化すればわかりやすいし、数値化しやすいから、客観的な評価が可能となる。こうして、科学は進歩を遂げてきたのだ。

しかし、この手法は一部分しか見ていないから、目的とした部分が改善されると、その代わりに他の数値が悪くなるということもある。全体は部分の集まりであるが、部分的に良くなることと、全体的に良くなることは、一致しないこともあるのである。

一方、東洋医学では体を全体的なものとして捉える。そのため、胃が悪いのに、まったく別の部位に針を打ったりするし、頭が痛いのに、それは腰が悪いのだと言うのである。

東洋の医学は、体全体を捉えて、バランスを整えたりするのである。

しかし、人間が全体的なものを全体的に理解することは難しい。また、客観的な評価も難しい。そのため、東洋的な思想は、どうしても感覚的であったり、ともすれば達人だけが理解することのできる暗黙知的な名人芸になってしまうのである。

利用しないものは「その他大勢」

日本の自然は、豊かであり、複雑である。四季があり、複雑な地形があり、多様な生物がいて、それらが複雑に関係し合い、絡み合いながら自然を形成している。

とても、人間が理解することは簡単ではない。

人間どころか、神さまさえも理解していないかも知れない。何しろ、日本の神さまは雨を降らせてくれたり、実りをもたらしてはくれるが、神さまさえ自然の一員なのである。神さまとて、複雑な自然を理解しているわけではないのだ。とてもではないが、われわれ人間が簡単に理解したり、分類することはできないのである

だから、日本人は、必要以上の区別をしない。これが、日本の自然の捉え方である。

自然はもともと区別できないものだと知っているのである。

もちろん、分類学がないからと言って、日本の人々が生物を分類してこなかったわけではない。植物を利用するときには、分類しなければならないから、必要に応じて名前をつけて区別する。

冒頭に紹介したお婆さんたちがそうであったように、ありとあらゆる植物の名前を知っていた。それは、ありとあらゆる植物を利用していたということでもあるのである。

そして、利用しないものは、必要以上に分類せずに、「その他大勢」として残しておいた。この、「その他のもの」という分類が、「雑」である。

「雑」という分類

西洋の明確な分類法に比べると、日本の分類法はあいまいで雑な印象がある。

しかも、日本では「雑」という分類がある。

日本の豊かな自然を日本人は利用し、利用法とともに植物を区別してきた。そして、分類する必要のない、その他たくさんの植物を「雑草」と呼んだのである。

雑草以外にも「雑」という漢字のつく言葉は他にもある。

たとえば、取るに足らない小魚は「雑魚(ざこ)」と呼ぶ。また、コメやムギ以外の穀物は雑穀と言う。さまざまな木が生えた林は「雑木林(ぞうきばやし)」と呼ぶ。最近では、優占的に生える植物の名前をつけてクヌギ林やナラ林と呼ぶこともあるが、それは正確ではない。本当はさまざまな木が生えた雑木林なのである。

雑とつく字を集めてみよう。

雑貨、雑誌、雑学、雑記、雑煮、雑炊、雑居、雑多、雑然、雑談、雑巾、雑収入、雑紙、雑種、雑食、雑音、雑感、雑菌、雑具、雑事、雑用、雑録、雑話、雑報、雑踏……。

眺めてみると、「雑」という言葉には、上級な意味はないかも知れないが、決して悪い意味はない。中国雑技団は決して技が雑なわけではなく、技が多彩という意味である。

しかし、現在、私たちが「雑草」という言葉を使うときには、「その他たくさんの植物」や「取るに足らない草」という、のんびりとしたニュアンスではなく、もう少し「害のある草」という意味で捉えることが多いだろう。

草取りをしていれば、雑草はやっかいな困り者である。しかし、雑草が悪者であるという考え方も、じつは明治維新の近代化によって西洋からもたらされたものなのである。

次項では、日本と西洋の雑草に対する捉え方を比較してみることにしよう。

雑草がなくては困る

あいまいな雑草の学術的定義

「雑草とは、どう定義されるのですか」とよく聞かれる。

学術的な分野では、雑草の定義は、アメリカ雑草学会の「望まれないところに生える植物」という定義が一般的に用いられている。つまりは邪魔者ということである。

しかし、この学術的定義は、ずいぶんとあいまいな表現に思える。

それでは、人間が望むものであれば勝手に生えていても、それは雑草ではないのだろうか。たとえば、ヨモギという植物は道ばたや畑に生えて邪魔になる雑草だが、草餅の材料になったり、薬として用いられる。そうすると、邪魔だと思う人にとっては雑草だが、役に立つと思う人にとっては雑草ではないということになってしまう。つまりは、時と場合によって同じ植物が雑草になったり、雑草でなくなったりするのである。

ときどき、こぼれたダイコンの種子が道ばたで芽を出して「根性大根」と呼ばれることがある。道ばたに生えているので邪魔になることもあるが、ダイコンが邪魔になる機会はたくさんあるわけではないので、学術的には根性大根は雑草には含めない。

このように雑草の学術的定義は、私たち日本人にはいかにもあいまいな感じがするが、一般の西洋人の考える雑草は間違いなく邪魔者であり、悪者である。

もちろん、野に生える雑草の中には、薬になったりして役に立つ植物もある。英語では、これらの善い草は「雑草」ではなく、「ハーブ」と呼ぶ。そして、害をなす植物が「ウィード（雑草）」なのである。この他、イネ科の雑草は英語では「メドウ」と呼ぶ。牧畜を行う欧米では、イネ科の雑草は家畜の餌として役に立つ。そのため、「メドウ」と呼び分けるのである。

このように英語では、ウィード、ハーブ、メドウと呼び分ける。しかし、日本ではすべてさまざまな草という意味で「雑草」と呼ぶのである。

悪魔が雑草の種子を播く

西洋では、善と悪は明確に分かれている。

だから、裁判をして善と悪を明確にしなければ気がすまないのだ。そして、良い行いは手放しで称賛し、悪い行いには罰を与える。

ヨーロッパの人々にとって、自然は神が人間のために与えてくれたものであった。そのため彼らは自然を克服しながら、自然の恵みを享受してきたのである。この自然の克服を邪魔する脅威は、怪物や悪魔たちであった。

そして、彼らにとっては、雑草は神の恵みを邪魔するものであった。雑草は明らかに「悪」の存在である。

実りをもたらすムギは、神が与えてくれたものである。一方、その昔は、夜中になると悪魔が小麦畑にやってきて雑草の種子を播いていると信じられていた。雑草は悪魔のものだったのである。

「雑草」の概念も輸入された

この雑草が悪いものであるという概念は、明治維新による近代化によって、日本にもたらされたものである。前章では、「自然」という概念が西洋からもたらされたことを紹介したが、じつは「雑草」という概念も、明治時代に日本に導入された輸入品だったのである。

江戸時代までの日本では、「雑草」は悪い草という意味ではなく、雑魚や雑木林と同じように、たくさんの草という意味であった。それどころか、江戸時代までは、雑草という言葉はあまり使われずに、単に「草」と呼ばれていた。

雑草という言葉が初めて文献に登場するのは、江戸時代の終わりごろに記された宮永正運の『私家農業談』（一七八九）である。雑草という言葉は、比較的、新しい言葉なのである。その農書でも「他の雑草は生ずしてよし」と記されている。つまり、雑草は悪い意味で使われていたわけではなかったのである。

江戸時代の三〇〇もの農書を集めた『日本農書全集』の中で、雑草という言葉が登場するのは、この『私家農業談』と飛驒の大坪二市の記した『農具揃』（一八六五）の二か所のみである。

ついでに言うと、「害虫」という言葉もなかった。『日本農書全集』の中で、害虫という言葉が登場するのは、たった一か所のみであると言う。

しかし、雑草が作物の成長を妨げる邪魔者であることは、日本でも同じである。むしろ、日本の方が雑草の成長が早く、邪魔になる。それなのに、日本では「雑草が厄介な邪魔者」という概念がなかったのは、どういうことなのだろうか。

善と悪は表裏一体

絶対神が秩序ある世界を創り上げた西洋では、善悪を明確にしたがるが、これに対して、混沌から生まれた日本という国の価値観では、善悪ははっきりさせずに、何となくあいまいにしておきたい。それが、西洋から見れば、何を考えているかわからないと指摘されてしまう日本人の思想なのである。

「善悪は明確な区別はできず、すべての物事には良い部分と悪い部分がある」。これが日本人の考えである。

仏教伝来とともに、日本には陰陽五行説という考え方が持ち込まれた。陰陽五行説とは、すべての事象はそれだけが単独で存在するのではなく、「陰」と「陽」という相反する形で存在し、それぞれが互いに影響を与え合い、消長をくりかえすという思想である。そのため、古くから日本人は、物事には、良い面と悪い面の陰陽があると捉えるのである。

しかし、「物事には良い部分と悪い部分がある」という考え方が、醸成されたのは、日本の自然と無関係ではないだろう。

豊かな自然は恵みを与えてくれる一方で、人間にとって脅威でもある。良い部分と悪い部分があるのが日本の自然である。

自然は脅威であり恵みである

善悪を区別せずに、物事には良い部分と悪い部分とがあると考える。日本人の特徴がよく表れているのが、オオカミである。

山林で最強の肉食獣であるオオカミは、西洋では恐ろしい存在とされてきた。おとぎ話では、オオカミは悪者であるし、オオカミは駆除されてきた。

オオカミが恐ろしい存在であるのは、日本でも同じである。しかし、人々はオオカミを恐れながらも、その存在を敬ってきた。オオカミは「大神」の意味である。山の神社ではオオカミを祀る神社も少なくはない。

オオカミは恐ろしい存在であるが、畑を荒らす害獣を駆除する存在でもあったのである。

日本で、西洋の悪魔に相当するものは何だろう。おそらくは「鬼」が悪いものの象徴であるかも知れない。しかし、日本で鬼は根っからの悪者かと言うとそうではない。

秋田県男鹿半島に伝わる鬼のような形相をしたなまはげは、神の化身である。

さらに、日本各地には、一晩で、鬼が橋を架けたり、鬼が山に石段を組むという伝説が伝えられている。つまり鬼が人間の役に立っているのである。

また、西洋ではドラゴンと言えば恐ろしいモンスターだが、しかし日本では龍は恐ろしい存在でありながら、風雨をもたらしてくれる神でもある。

台風や嵐は、恐ろしい存在であるが、豊かな水をもたらしてくれる存在でもある。また、水害は恐ろしいが、河川が氾濫すると、豊かな森の栄養分が田畑に満ちて、豊かな恵みをもたらしてくれる。

祟りを起こした化け物や鬼神も、神社に祀られれば守り神となる。

物事には良い部分と悪い部分とがある。そして、巨大な自然は豊かな恵みと大きな脅威の両方を表裏一体で併せもつ存在なのである。

画期的な田打車の発明

台風や嵐も恵みをもたらしてくれる存在であり、鬼や祟り神さえも恵みをもたらしてくれる存在である。害をもたらすものが、益をももたらすということは、一見すると矛盾しているようにも思えるが、日本では、それがごく自然な感覚であった。

自然の脅威と自然の恵みが一体であった日本では、雑草もまた、単純な悪者ではなかった。

その特徴をよく伝えているのが、「田打車」という農具である。

この農具は、田んぼの中を押して歩くことで、田んぼの雑草を除去するものである。田打車は明治時代に発明された農具である。この発明によって、それまで人の手で行っていた「田の草取り」が、田んぼの中を押して歩くだけでできるようになった。もちろん、除草剤が発達した現代から考えれば、田打車を押しながら田んぼの中を歩き回ることも重労働であるが、腰を曲げて這いつくばるように草を取ることを思えば、革命的な技術革新である。田打車は、農家を重労働から解放した大発明だったのである。

ちなみに機械化が進んだ現在でも、田植えの苗を植える幅（畝間）は三〇センチと決まっている。これは、人が田打車を押して通れるように決められた幅である。さまざまな栽培技術の開発は、三〇センチの植え幅を前提として行われてきた。田打車は現在の稲作の基礎となった大発明でもあるのである。

この田打車には、二列に回転する爪がついている。前についた回転爪が泥をかきまわして、田んぼに生えた雑草の根を掻き取る役割をしている。それでは、後ろの回転爪はどのような役割をしているのだろうか。

後ろの回転爪は、取り除いた雑草を泥の中に押し込める役割をしている。

じつは、農家の「田の草取り」は、ヒエなどの大きな雑草は取り除いたが、小さな雑草や雑草の芽生えは、取り除くのではなく、泥の中に埋め込んでいった。こうすることで、田んぼの雑草をイネの肥料にしていたのである。

田打車は、この農家の作業を行うものだったのである。

雑草はイネの肥やしになる

現在のように化学肥料もない時代のことである。

田んぼの雑草も泥に埋め込めば、イネの肥やしになる。田の草取りは、田んぼの雑草を取り除くと同時に、イネに肥料をやる作業でもあったのである。

そう考えると雑草は困りものだが、なくてはならない存在でもある。雑草が生えることも困るが、雑草が生えなくても困ってしまうのである。

一七世紀に記された日本最古の農書『清良記』第七巻は、「草は肥料として田畑にすき込むべきものである」と書かれている。つまり、草取りは肥料を得る作業だったのである。

そして、それを怠ける下農は悪魔外道であると戒めている。

日本人が草取りを一生懸命にするのは、それが収量を増やすための施肥作業でもあったからなのである。

日本の農業は集約的で、手を掛ければ掛けるほど、収量は増える。肥料もやればやるほど作物は育つから、肥料にするとなれば、田畑に生える雑草だけではとても足りない。

畦や土手の雑草も、田畑の肥料としての利用価値があったから、人々は競い合って草刈りをした。あまりに人々が草を欲しがるので、草を取る場所は、細かく取り決められていたし、魚の漁と同じように草刈りの解禁日も決められていた。

そして、刈られた草は将軍家に献上されるほど価値のあるものでもあったのである。

「農民魂は先ず草刈りから」という言葉がある。

いまの感覚で考えれば、「草刈り」というのは、雑草を取り除いているイメージがある。

しかし、草刈りは、田畑にすき込むための肥料を得る作業でもある。ところが、明治時代になると、高価な金肥であった魚肥や油かすなどが安易に用いられるようになる。「先ず草刈りから」という言葉は、そんな風潮を戒めるための言葉だったと言う。

草刈りはそれほど、大切な作業だったのである。

昔は、そんな草刈り場があちらこちらにあった。山のてっぺんまで草刈り場にしていたということも少なくない。ある研究によると、昔はそんな草の生えた場所が、国土の三割を占めていたと言う。

悪者など、とんでもない。雑草は貴重な資源だったのである。

そんな草刈り場が、「草むら」や「原っぱ」と言われた。そう言えば、最近では「草むら」と呼べるような環境は、ほとんど見られなくなってしまったような気もする。

雑草が教えた引き算の文化

西洋庭園は直線が美しい

ヨーロッパは自然の少ないところで、自然を克服し、人間の技で豊かさを作る。そのため、自然にない人工的なものに価値がある。

ヨーロッパの庭園は直線的である。「直線」もその一つである。幾何学的な秩序がある模様に、シンメトリー（左右対称）なデザインを組み込んでいく。そして、色とりどりの豪華な大輪のバラが、所せましと咲き乱れるバラ園に代表されるように、いかにも不自然な形で植え込んでいくのである。

それが西洋の庭園の美しさである。

西洋文化では、人工的な直線が美しいとされている。これは西洋の思考法にも大きく影響していると言われることもある。

確かに、欧米の人々の思考は、直線的である。

AであればB、BであればC、とまるで数学の証明問題を解くように、論理的に思考を展開していく。

自然の少ないところでは選択肢は多くない。

こちらには水がある、あちらには水がない。一方には食べ物がある、他方にはない。道が正しければ楽園にたどりつけるし、道を誤れば死が待っている。こうして直線的に道を進んでいくのである。

これは、まさにAであればB、BであればCという論理的な思考である。このときに重要なのは、道を選ぶことよりも、前へ進む「行動」である。そのため、「行動」が、大切になるのである。

一方、自然が多いところでは選択肢が多い。こちらにも水がある、あちらにも水がある。どちらに進むべきか、どちらに暮らすべきか。もちろん、動かないという選択肢もある。食べ物も豊富にある。こちらを食べるべきか、あちらを食べるべきか。こんな選択の連続である。とても一直線に決めていくことはできない。そこで、「深く考える」ことや

「悩む」ことが重視されるのである。

直線的か循環的か

この西洋の直線的な思考法は、キリスト教によるものとされているが、キリスト教は、もともと自然の少ない場所で生まれた宗教でもある。自然が少ない砂漠で生まれたキリスト教は、確かに直線的である。

キリスト教では天地創造から始まり、最後の審判で世の中が終わる。つまりは一方向である。しかし、東洋で生まれた仏教では、世界は循環する。人々は輪廻転生で生まれ変わる。年齢も六〇歳になると干支が生まれた年に戻り「還暦」を迎える。つまりは生まれての赤ん坊に戻り、赤ん坊と同じ赤いチャンチャンコを着るのである。

また、日本では修行を積んで力をつけていくと、極めた先は、力が抜けて自然体となるということが多い。そして、見るからに偉そうに見えたり、すごそうに見えるのはダメで、極めると凡人や子どもの感覚に近くなるというのだ。つまりは、一周回って、戻ってくるのである。

自然の姿に近い日本庭園

西洋の自然庭園は、直線や幾何学模様で造られ、自然にないような花壇やバラ園を造る。これに対して日本はどうだろう。

伝統的な日本庭園は、あたかも自然の山野のように木を植え、池を作り、石を置き、コケを生やす。このように自然の姿のままの風景に近いということが、日本の庭園の美しさなのである。

盆栽も日本の文化を象徴するものだろう。

盆栽は恐ろしいほどの手間ひまを掛けて、枝を曲げたり、剪定したりして植物を育てる。それなのに、それがあたかも自然の風景であるかのように作り上げるのである。

西洋の美は自然とかけ離れたものが美しく、日本の美は自然に近いものが美しい。

しかし、不思議である。

日本は自然が豊かな国である。家の周りにも木々は茂り、草花が咲き、コケが生えている。こんなに自然があふれているのに、どうしてわざわざ屋敷の敷地の中に、同じような自然の風景を作るのだろうか。人手を掛けて造る庭園なのに、どうして周りの自然と同じような風景を造ってしまうのだろうか。

自然を切り取る

山の緑や紅葉は美しいが、庭園の緑や紅葉はそれにも増して美しい。

日本の庭園は、自然の風景のように見えるが、決して自然の風景と同じではない。自然の美しさを引き出し、自然の豊かさをより際立たせるように造られているのである。

日本の自然は豊かである。自然の強大な力は、豊かな恵みであり、大きな脅威である。

そのような中で、人々は自然に逆らうことなく、自然の力を利用する知恵を発達させてきた。

それは、庭造りについても同じである。

豊かな自然を切り出して、屋敷の中に庭園を造る。

そして、建物の窓から、まるで床の間の絵のように庭園の自然を切り取る。

さらには、部屋の床の間には、季節の花を活ける。こうして、自然を切り取っていくのである。

日本の自然は豊かで美しい。だから、庭園も自然そのままに見せる。そして、茶室に飾る花は、野に咲いているように活ける。こうして、まるで人の手が入っていないかのように造ることが、最上の美とされているのである。

引き算の文化

西洋文化は、砂漠で育まれた文化である。何もないところに水を引き、種を播き、植物を育てていく。そして、何もないところから人の力で食べ物を作り上げていくのである。つまりゼロから積み上げていく足し算の文化である。

しかし、日本は自然が豊かである。あらゆるものがそこにある。その中から余計なものを取り除き、必要なものを切り取っていく。そのため、日本文化は「引き算の文化」であると言われている。

日本で作られた俳句は、世界で一番短い詩であると言われている。たった一七文字の詩である。俳句を作るということは、言葉を省略し、余計なものを取り除いていく作業である。しかも、この短い詩の中に季語を入れなければならない。つまりは、自然を切り取らなければならないのである。

日本料理も、引き算の料理である。余計な味を加えずに、食材の味を引き出すことが最上とされる。これも、自然が豊かであり、自然の恵みである食材が良いからこそ、できることである。寒冷で乾燥するヨーロッパの気候では、収穫できる野菜の種類も少ないし、質の良い野菜を作ることも難しい。このように食材が良くない場合には、西洋料理のようにソースで味を足していく調理が、美味しい料理を作るために必要なのである。

そして、日本の料理もまた、季節の葉を添えたりして、引き算をした中に、季節感や自然の美しさを演出する。

茶道も余計な装飾は省いていく。そして、わびさびの世界を作っていくのである。陶芸の世界でも余計なものを加えない。土本来の色合い、自然のままの不完全な形が美しいとされる。

こうして、日本人は引き算の文化を作り上げた。それは、持て余すほど豊かすぎる自然があったからなのである。そして、日本人は、引き算の文化の中で、自然の豊かさや美しさを表現してきたのである。

何もないのが美しい

日本は引き算の文化である。余分なものは、どんどん引き算していく。そして、行き着く先は「何もない」ことである。

明治時代に日本を訪れた動物学者のエドワード・モースは、日本家屋を見て、貸家にするための空き家だと思ったと評している。

日本の家屋は、畳が敷いてあるだけで、何もない。豪華な茶室や大名屋敷なども、何もなく洗練されている。ヨーロッパの宮殿などを思い浮かべると、豪華な家具や装飾品が所せましと並んでいる。

これに対して、日本では余分なものがない方が美しいのである。

「何もないことが美しい」

これは、日本の田畑と同じである。

日本の畑は、草が何もない状態がきれいと表現される。日本では油断すれば、すぐに雑草が生い茂り、雑草まみれになってしまう。「少しある」状態を保つのが難しい。雑草は「何もない」状態にしておくのが賢明である。

雑草だけではない。

高温多湿な日本では、放っておけばカビが生える。虫が湧く。物は腐る。

日本の自然では、「ある状態でそのまま維持する」ということは、難しい。そうであるとすれば、何もないことが理想になる。これは日本の家屋でも同じなのである。

もしかすると、旺盛に変化する日本の自然が、「引き算の文化」に影響を与えているかも知れない。

減点を少なくする作業

西洋では、収量を増やすためには、面積を増やすしかない。人の倍の面積を耕せば、人の倍の収量を得ることができる。だから努力したものは、富を得た成功者となる。一〇〇ある土地に、一を余分に耕せば収量は増えるのだ。つまりは、加点主義である。一方、日本はどうだろう。多すぎる自然の恵みを減らすことが収量を増やす営みとなる。つまりは草取りである。日本の自然は豊かすぎて、作物ばかりか雑草まで生い茂らせる。その雑草を抜くことで収量を増やすのである。

抜いても抜いても生えてくる草取りという作業は、虚しい。一〇〇の収量がある土地に、雑草が生えれば収量は七〇、五〇と減る。放っておけば雑草は生い茂り、収量はゼロになるかも知れない。草取りというのは、雑草によるマイナス分をできるだけ減らして、減点を少なくする作業である。

草取りをしたからと言って、もともとの収量が増えるわけではない。完璧に草取りをして、得られる収量は一〇〇である。どんなに頑張ったからといって、決して一〇〇以上に加点されることはないのだ。

しかし、わずかでも草取りを怠れば、収量は減る。まさに小さなミスも許されない日本の減点主義である。日本の雑草がミスを許してくれなかったのだ。日本人の減点主義は引き算日本人は引き算をすることによって、価値を見出してきた。日本人の減点主義は引き算の文化の思わぬ副産物と言えるのかも知れない。

欧米は、ほめることによって個性を伸ばす加点主義であるのに対して、日本人はほめることが下手で、ダメなところを指摘する減点主義であることが指摘されている。

減点主義に対抗するために必要なのは、抜かれても抜かれても生えてくる雑草のような根性である。おそらく昔は日本人には雑草のようなしぶとさがあった。だからこそ、叱って伸びる教育が成立していたのではないだろうか。

働くことと遊ぶことが一緒

草取りと勤勉性

日本人は勤勉な国民として世界に知られている。

それは、欧米人が狩猟民族であるのに対して、日本人が農耕民族であるから、と言われることがある。しかし、すでに論じたように、それは違う。

農業をいち早く始めたのは西洋の人々である。メソポタミアで農業が始まったとき、日本はまだ狩猟採集の生活を送っていた。

ただし、これまで述べてきたように、西洋の農業と日本の農業とでは大きく違う点がある。西洋の農業は、伝統的に大規模で粗放的な農業である。一方、日本の農業は小規模で集約的な農業である。この農業の違いは、日本の国民性に影響を与えているかも知れない。

日本人は、稲作民族であり、この勤勉性は「稲作」によって育まれたという意見もある。しかし、これも正確ではないだろう。

稲作は、必ずしも勤勉性を必要とするわけではない。

たとえば、東南アジアでは、天水田や湿地帯で粗放的な稲作が行われている。おそらくは、これがもともとの稲作である。確かに収量を増やすためには、手間ひまを掛ける必要があるが、勤勉でなければ作れないような作物ではないのだ。

しかし、それでも、日本の稲作は、勤勉でなければ成り立たない。なぜなら、日本の稲作は、勤勉な「草取り」を必要とするからである。

私は日本人の国民性を作り上げたのは、日本の雑草であったと考えている。

梶田正巳氏の著書『日本人と雑草』（新曜社）には、日本人の勤勉性は草取りによって醸成されたと指摘されている。私も同意見である。

雑草とのたゆまぬ戦い

日本は農地が豊かなので、狭い面積でもたくさんの収量を得ることができる。しかし、狭い面積である理由はそれだけではない。

規模を大きくしなかったというだけではなく、規模を大きくしたくてもできなかったという一面もあるのだ。日本の稲作は手間が掛かる。そのため、一人の人間が世話をすることができる面積が限られてくるのである。

そんな手間の掛かる稲作作業の中でも、もっとも手が掛かるのが、「田の草取り」である。

何しろ、雑草は抜いても抜いても生えてくる。だからと言って、抜かないわけにはいかない。田の草取りをしなければ、雑草は見る見るうちに繁茂して、イネの成長を妨げてしまう。

これまで紹介したように、日本の農業は手を掛ければ掛けるほど、大きな実りを得ることができる。しかし、草取りをしなければ、収穫はゼロになってしまう。しっかりと働けば働いただけ、収穫が得られる。しかし、働くことをやめれば収穫は皆無である。

怠けることを許さない。手を抜くことを許さない。それが日本の雑草である。

この雑草との戦いが一つ一つの仕事を手を抜かずにていねいに行う日本人の勤勉性を育んできたのではないだろうか。

日本人は人手に頼む

すでに紹介したように、草取りは「雑草を取り除く」と同時に「草を肥料にする」という作業である。

この作業は、手を抜くことができない。しかも、複雑な仕事は人手で行うしかない。

そのため、二倍の量の草取りをしようと思えば、倍の時間を掛けるしかない。同じ時間で行うとすれば、倍の人数で行うしかない。

草取りとは、そんな単純作業なのだ。

とにかく人手を掛ける。それが日本人の勤勉性である。コツコツと手を抜かずにやるという面では、それは優れているが、ともすれば、生産性を上げるには、人手と時間を掛けることだという風潮にもなりやすい。

日本人はワーカホリック（仕事中毒）と世界から揶揄されるほど、サービス残業が多く、労働時間が多い。それなのに、日本人は労働生産性が先進国の中では低いとされているのである。

こうした、がむしゃらな勤勉性は、もしかすると草取りによって育まれたものかも知れないのである。

休み下手の日本人

日本人は休むことが下手である。

週に一度、日曜日を休むというのは、西洋から導入された習慣だ。

キリスト教の考えでは、安息日を大切にする。キリスト教では、労働は神に対する奉仕であったり、神に与えられた罪であると考えられている。いずれにしても、働いた後には休憩が必要なのである。

そのため、欧米の人々は休むのが上手である。夏休みやクリスマス休暇などには、何週間もバカンスに出掛けるのである。

一方、日本人にはどこか、休むことは「悪いことである」という罪悪感がある。

日本では、働くことは生きることそのものである。

日本の古代の神々は、山で狩りをしていたり、魚を釣っていたり、機（はた）を織っていたりしている。つまりは働いているのである。

そして、儒教や仏教の影響を受けて、働くことは天の恩恵に報いることであったり、徳を積むための修行であったりする。そのため、それをやめることは許されないのである。

もっとも、休まないといっても、ずっと働き続けるにも限度がある。

区別することの得意な欧米人は、働くことと休むことをメリハリをつけて区別するが、あいまいなことの得意な日本人は、働くことと休むことを区別しない。休むこともないが、だらだらと働いているという言い方もできる。

地力の強弱

「働く」「休む」は農業の違いにも表れる。

ヨーロッパの農業には、必ず休閑地がある。作物を栽培せずに、休ませないと、地力がやせてしまう。そのため、十分に休ませて、地力を回復させるのである。

農業でも「休む」ことが大切なのだ。

一方、日本はどうだろう。

日本の農地は地力が高いので、土地生産性が高い落ち葉や刈り草などの豊富な植物資源を利用して堆肥を作れば、休ませなくても作物を栽培することができる。

前述のように、日本には「二毛作」がある。ヨーロッパでは、ローテーションしながら、数年に一度しかムギを作ることはできないのに、日本では一年間に、イネとムギの両方を作ることができるのである。

また、季節に応じて畑もさまざまな作物や野菜を育てることができる。日本の農業でのローテーションは、休ませるというよりも、いかに土地を働かせるかということにある。ヨーロッパは休ませることで、多くの実りを手にすることができる。一方、日本では、土地を働かせれば働かせるほど、多くの実りを手にすることができるのだ。

これは日本の土地の話である。しかし、どこか日本人の働き方に似ていないだろうか。

趣味もまた「道」となる

日本人は「道（みち）」が好きである。剣道、柔道、弓道などは、その代表だろう。そして、すべてのものは、努力し、極めていけば「道」となる。相撲や野球も相撲道や野球道となる。それどころか、コレクターやオタク、マニアなどの趣味も極めれば日本では「道」となる。

「道」が登場する背景にも働き方が関係しているのではないだろうか。

西洋の人々は、働いて休み、仕事とバカンスがセットである。

しかし日本人は、働くことと休むことを分けることはできない。日本では、働かなければ雑草が生い茂る。つまり休むことができない。さらに、日本では土地を働かせれば働かせるほど、つまり人が働けば働くほど得るものが大きい。とても休んでいる暇はない。

そこで、登場するのが「道」である。

人間は働いてばかりいるわけにはいかない。しかし、日本では休んでいるわけにもいかない。そこで、趣味もまた、休息ではなく、生きるための「道」とするのである。

たとえば、お茶を飲むことは、休息することである。ヨーロッパでは楽しく談笑し、ティーパーティーを行う。しかし、日本ではお茶を飲むこともまた道となる。「茶道」である。

将棋や囲碁はゲームである。チェスやポーカーをするのと同じように、遊戯である。しかし、日本では「棋道」となる。花を楽しむことも「華道」となる。

こうして、日本人は遊びの中にも「道」を求め、「道」を究めてゆくのである。

単純さの中に奥深さ

欧米では、面積を広げていくことが実りを増やすことにつながる。そのため、外へ外へと面積を拡大していく。外へ出ていくことが、新たな価値を発見することになるのだ。

一方、日本では同じ土地に手を掛ければ掛けるほど、実りが増えることになる。土地を耕し続け、草を取り続け、土作りを続けていくことが、新たな価値の発見につながる。

この日本の農業のやり方は、まさに「道」である。

日本で「道」と呼ばれているものは、奥が深く究めにくいものばかりである。茶道などは、言ってしまえば、単にお茶を入れるだけのことである。的を射るだけの弓道も、矢を引き絞って放すだけの単純なものである。それなのに、精進しても精進しても極めきれない奥深さがある、と日本人は考える。

単純なことに深さを見出していく「哲学」あるいは「美意識」が日本人にある。それは日本農業の特質から来たものだと私は考える。

遊ぶ神々

日本人にとって「遊び」とは何だろう。それは休み方を知らない日本人には欠かせないものである。

日本では遊びは神々を喜ばせるためのものである。

日本では神々は喜怒哀楽をもつ、人間的な存在である。人々は正月には酒を飲み、ご馳走を食べる。これは神と共に食事を楽しむ「共食」である。

四月にはサクラの下で花見をする。サクラはもともと田の神が下りてくる依代（よりしろ）である。お花見も、神との共食なのである。

また、神の前で歌ったり踊ったりする。これは「神楽（かぐら）」と呼ばれている。つまり、神を楽しませるためのものである。また、田んぼでは五穀豊穣を祈って踊る。これは「田楽（でんがく）」や「田遊び」と呼ばれている。

神社では相撲を取って神に奉納する。場合によっては、人間が神さまと相撲を取るという神事もある。

日本の神々は、遊ぶことが大好きである。

昔、天照大神が天の岩戸に隠れてしまったとき、神々は岩戸の前で楽しげに歌ったり、踊ったりして笑い合った。その楽しそうな様子に天照大神はそっと岩戸を開けたのである。

日本の神々は休まないが、遊ぶ。だから、日本人も休むことは下手でも、よく遊んだのである。

働くことは遊ぶこと

日本人は働いていたばかりではない。

たとえば、昔の田植えはどんな様子だったろう。

機械のない昔は、田植えは重労働だったはずである。しかし、田植えのときには、男たちは太鼓や鐘を打ち鳴らし、にぎやかに笛を吹いて踊りを踊りながら、田植え囃子を響かせた。そして、早乙女（田植えをする女性）たちも田植え唄を歌いながら、リズムよく苗を植えていったのである。

確かにお囃子や唄は、田植えのテンポを良くするためのものだったかも知れない。しかし、笛や太鼓を鳴らしている時間があったら、男たちも田植えを手伝えば生産性は倍になる。なるほど、田植えは神聖な神事として、豊穣の象徴である女性の仕事だったという一面はある。しかし、神聖な作業だから男性は手伝えないのだという考え方そのものが、ずいぶんと余裕のある話である。本当に重労働で、人手が足りないとしたら、男はダメだとか、楽器を鳴らしたり踊っている人がいるような余裕はなかったのではないだろうか。

また、日本人は昔からより良いイネを選抜し、イネの品種を改良してきた。

こうして、少しでも成長が良いイネや、収量が取れるイネや、寒さに強いイネを作り出してきたのである。

一方で、日本人は盆栽用のイネや、穂が美しい観賞用のイネを選抜してきた。主食として重要なイネ、農業を行う上で重要なイネなのに、食べることとは関係のないイネの品種を作っているのである。何という遊びだろう。

日本人にとっては、働くことも、暮らすことも、休むことも、遊ぶことも、明確に区別できるものではなかった。そして、働くことが遊ぶことであった。そして、遊ぶことが働くことだったのである。

本当は、日本人は遊び上手だったのだ。

稲作と集団主義は関係がない

「みなさんのおかげです」

有名なエスニックジョークに、次のようなものがある。
ある船に火災が発生した。船長は、乗客を海に飛び込ませるときにこう言った。
イギリス人には、「紳士はこういうときに飛び込むものです」
ドイツ人には、「規則では海に飛び込むことになっています」
イタリア人には、「さっき美女が飛び込みました」
アメリカ人には、「海に飛び込んだらヒーローになれますよ」
フランス人には、「海に飛び込まないで下さい」

そして、日本人にはこう言うのである。「みんなもう飛び込みましたよ」

日本人は個人よりも、集団の中の一員であることを大切にする。みんなが飛び込むのであれば、みんなと同じでなければならないのだ。

自分のことよりも、会社の一員であることを重んじる。自分は仕事が終わっていても、周りの人たちが残業をしていれば、自分だけ帰るようなことはない。

最近では少なくなったが、高校野球は連帯責任だ。誰かが不祥事を起こせば、みんなで責任を取る。社員の失敗は上司の失敗であり、社員が不祥事を起こせば、社長が頭を下げる。

逆転ホームランを打ったヒーローは「ホームランが打てたのはチームメイトのおかげ、勝つことができたのは、応援してくれたみなさんのおかげです」と言う。誰が見てもホームランを打ったのは、個人の努力の賜物であり、個人の手柄であるが、日本では、「みんなでやり遂げた」と考えるのである。

一本の日傘

しかし、不思議である。個人主義と言いながら、欧米では、誰かが残業をしていれば、それを手伝う。

日本人は、手伝うという発想はない。しかし、「残業で帰れない」という苦痛を共有しようとするのである。「手助けする」という行為に表さないのが特徴である。

新渡戸稲造の『武士道』の中には、いかにも日本人らしい仕草が紹介されている。

女性宣教師（外国人）が夏の炎天下で知り合いの日本人の男性と出会ったときのこと。男性は日傘をさしていたが、立ち話をしている間は、傘を下ろしていた。このとき、女性宣教師は、どうして男性がさしていた傘をわざわざ下ろしたのか理解できなかったと言うのである。

暑い中、自分だけ日傘をさしているわけにはいかない。傘を閉じるのが礼儀であろう。日本人からすれば、ごく当たり前の振る舞いである。

しかし、せっかく日傘があるのであれば、二人とも暑い思いをする必要はない。男性がそのままさしていてもいいし、もし女性を気遣うのであれば、女性に日傘を貸してもいい。そうすれば、どちらか一人は日傘で暑さを避けることができる。これが合理的な考え方である。

日本では違う。どちらかが暑さを避けているという状況は望まない。どちらも炎天下で暑さを分かち合う。たとえ、非合理的であっても、この「分かち合う」ということが、日本人にとっては重要なのである。

西洋の人間は個人がしっかりしている。そして、個人として周りと関係をもつのである。しかし、日本人は自分と相手の区別を作らないのである。

「個人」という言葉もなかった

前章では、日本には「自然」という言葉がなかったことを説明した。

いま、私たちが当たり前のように使っている言葉の中には、江戸時代以前にはなかった言葉がたくさんある。明治期には、それまで日本になかった概念が大量に輸入され、次々に翻訳されて言葉が作られていったのである。

たとえば、「科学」や「政治」「自由」「法律」などは明治時代に翻訳されて作られた言葉である。

そんな、明治時代に翻訳された言葉に「個人」がある。驚くことに、個人という概念は日本になかったのである。個人というのは、自然や社会から独立した「個」の存在を意味する。しかし、日本では自然の中に人があり、社会の中に人がある。つまり、自然や社会から切り離された「個人」という概念はなかったのである。

それでは、どうして西洋では個人という概念が生まれたのだろうか。
すでに紹介したように、キリスト教では、神との契約によって個人の存在が約束される。この神との契約者が個人なのである。こうして、西洋では個人を単位とし、個人を尊重する個人主義が発達した。

一方、日本ではさまざまなつながりの中で自分がある。

日本人には、家という単位がある。英語では自分のことを「I」というが、日本では、子どものいる人は自分のことを「お父さんは」「お母さんは」と言う。会社というつながりの中では、部長や課長などの肩書で呼ばれる。

祖先からの世代のつながりもあり、社会の中でのつながりもあり、近所でのつきあいもある。こうした、つながりの中で自分があり、明確な個人はない。

それは、「自然（ネイチャー）」という概念がなく、人と自然の境目がなく、自然の中に包まれて自分が存在していたのに似ているかも知れない。

チームスポーツは西洋人の独擅場

日本人は集団行動が得意だと言われる。それは本当だろうか。

たとえば、欧米の人々が得意とするスポーツはチームスポーツが多い。その一例はサッカーだろう。

確かにサッカーでも、個人技ではなく組織力で戦うスタイルが日本人に向いているとは言われているものの、組織的な戦い方でもヨーロッパのチームには及ばない。

日本人は田植えを一緒にするような農耕民族だから集団行動を得意とすると言われるが、そもそも恐ろしい野生動物を狩る方がチームプレイを必要とする。役割分担しポジショニングをしながらゴールを狙うサッカーというスポーツは、まさに狩猟を思わせる。

もっとも、すでに紹介したように、狩猟採集生活からいち早く農業を始めたのは、西洋の方が日本よりずっと早かった。そして、乾燥地帯に水を引いて畑を作るという農業の最初の作業は、集団行動なしでは成り立たなかったはずである。

稲作と協調性は関係がある？

日本人が協調性があり、集団行動を得意とすると言われるのは、稲作があるからである。

確かに、イネを育てるためには、共同作業をしなければならない。川から水を引けば、すべての田んぼに水が入るから、同じ時期に田植えをすることになる。そして、田植えは一人ではできないから、協力して行うことになる。

しかし、共同で川から水を引かなければならないのは、水田だけではない。畑であっても同じことだ。特に、砂漠のような乾燥地帯の方が、水を引くためには力を合わせる必要があるだろう。むしろ、日本のように雨が多い地域の方が、昔は雨水だけでイネを育てる天水田もたくさんあった。

整列してきれいに苗を植えるようになったのは、明治以後の話である。それまでは、田植えは整列して植えるわけではなく、目検討で植えていく乱雑植えであった。別に一列に並んで几帳面に田植えをする必要はないのだ。

実際に、世界ではいまでも乱雑植えをしているところも多い。

また、同じように田植えをする韓国や中国でも、日本のような集団主義はない。どちらかと言うと日本人と比べると「大陸的」と称される個人主義である。確かに稲作は、集団で行う作業が多いが、それだけで集団主義が育まれるわけではないのだ。

一方、日本を見ると、田んぼを拓くことができない山間地では、稲作ではなく畑作が行われていた。そういう地域であっても、村の人々は結束していた。

日本人は村で結束し、協力して田植えをした。これは、田植えによって集団性が育まれたのではなく、集団行動を得意としていたから、協力して田植えをしたのだ。

それでは、日本人の協調性は、何によって育まれたのだろうか。

私は、この日本人の特質は度重なる災害によって育まれたと思う。

くりかえされる災害で「結束」が強まる

日本は世界でも稀に見る天災の多い国である。日本列島ができて一万年。日本人は幾たびもの災害に遭遇し、それを乗り越えてきた。

科学技術が発達した二一世紀の現在でも、私たちは災害を避けることはできない。毎年のように日本のどこかで水害があり、毎年のように日本のどこかで地震の被害がある。現在でもこれだけの被害があるのだから、防災設備や予測技術がなかった昔の日本であればなおさらだろう。

長い歴史の中で、日本人にとって災害を乗り越えるのに必要なことは何だったのだろう。

それこそが、力を合わせ、助け合うという協調性だったのではないだろうか。

東日本大震災のときに、日本人はパニックを起こすことなく、秩序を保ちながら長い行列を作った。そして、被災者どうしが思いやり、助け合いながら、困難を乗り越えたのである。

その冷静沈着で品格ある日本人の態度と行動は、世界から賞賛された。災害のときに、もっとも大切なことは助け合うことである。人は一人では生きていけない。ましてや災害の非常時にはなおさらである。

短期的には、自分さえ良ければと利己的に振る舞うことが有利かも知れない。しかし、大きな災害を乗り越えるためには、助け合うことは欠かせない。

くりかえされる災害の中で助け合うことのできる人は助かり、助け合うことのできる村は永続していったのだろう。そして、世界が賞賛するような、協力し合って災害を乗り越える日本人が作られたのである。

日本人の協調性を育んだのは、決して稲作だけではないだろう。おそらくは度重なる災害が、日本人の協調性を磨き上げた。

そして、その協調性によって、日本人は力を併せて稲作を行ってきたのではないだろうかと筆者は思うのである。

日本人は「変化」を好んだ

木と紙の家は残らない

日本は歴史と伝統を誇る国である。しかし、町並みを見れば、常に新しく生まれ変わっていく。確かに伝統的な町並みも各地に見られるが、それらは景観保全地区に指定されていたり、昔の町並みを再現したものが多い。

それに比べ、ヨーロッパの街並みを見ると、どこを見ても伝統的な古い建物が並んでいる。一九世紀の建物が、いまもアパートやオフィスなどとして、そのまま使われていることも多い。農村を見れば中世のヨーロッパを思わせるような伝統的な街並みがそのまま残されている。流行の発信地であるニューヨークでさえも二〇世紀初頭の古い時代の建物が残されている。

日本はどうだろうか。戦災があったとは言え、戦後建てられた建物さえ惜しげもなく壊されて新しい建物が次々に建てられていく。東京や大阪など大都市の変化は目まぐるしい。農村へ行けば築数百年という農家もあるが、屋根は葺き替えられ、部屋の中も今風にリフォームされている。しかも、周囲には大型スーパーやレジャー施設が立ち、よほど近代化している。

確かに、最古の木造建築という説がある法隆寺のように、日本の寺院などにも古いものが多くある。しかし、ヨーロッパの町や村ごとに古い教会があることを考えると、見劣りがする。

日本の建物は、木造だから傷みやすい。西洋の建物は石造りだから残りやすいのではないかという意見もあるだろう。

じつは、そのとおりである。日本の建物は有機物である植物で作られている。だから、長い年月を保存することは難しいのだ。だから、古いものを新しくするのは仕方がない。日本の家屋は「木と紙でできている」と揶揄される。木と紙は古くなるから、新しくしなければならない。茅葺きの屋根も数十年に一度は葺き替えるし、畳や障子も毎年、新しくする。

日本の家屋は常にメンテナンスをして新しくしなければ、傷んで古くなってしまう。だから新しくしていく。

そして、新しくすることで日本人は気分を新たにするのである。

新しい家電製品に飛びつく

日本人は古いものを大切にすると言われる。

確かに、日本は歴史と伝統を誇る国である。歴史あるもの、伝統あるものを大切に残してきた。しかし、一方では、新しいものが好きで熱しやすく冷めやすい国民であるという言われ方をすることもある。

「新品に価値がある」。じつは、これこそが日本の価値観であると私は思う。

そう言えば「女房と畳みは新しい方がいい」ということわざもあった。

たとえば、日本ではアパートやマンションは新築物件が人気だ。だから新築にするために、何度も建て替える。

日本人は、何年か経つと新車に買い替える。欧米では、日本ではとっくに廃車になっているような中古車が平気で走っているのに比べると大きな違いだ。新商品や新製品に目がなく、ヨーロッパで古い電化製品を使っているのに比べると、古くなったらすぐに買い換えてしまう。

もちろん、税制や生活事情も違うから一概に比較はできないが、欧米では、中古の車や住宅などが、日本より価値のあるものと考えられているのは事実だ。

新しもの好きであると同時に、熱しやすく冷めやすいというのも、日本人の特性として言われていることだ。

とかく日本人は新しいものが好きなのだ。

石の文化、木の文化

伊勢神宮は、二〇年に一度、建て替える「式年遷宮」を行う。このような建て替えは諏訪大社や、出雲大社でも行われている。

こうして日本人は、常に新しいものを作り続けてきたのである。

このように新しくするという作業が行われたのは、単に木造だったからというだけではない。それは木材や畳や障子の材料である植物が豊富にあったからこそ、可能だったことでもある。

日本では、木は伐っても伐ってもすぐに生えてくる。茅葺き屋根を葺くための茅や、畳や紙の原料となる草もすぐに生えてくる。だからこそ、植物をふんだんに使った家屋を作ることができたのである。

ヨーロッパでは森の木を伐ると、なかなか元には戻らない。

実際に昔はヨーロッパも深い森に覆われていた。しかし、長い歴史の中で森が次々に失われて不毛の地と化していったのである。そのため、森の少ない西洋の人々にとって、木材は貴重であった。だから石で建物を作ったのである。

ちなみにヨーロッパの農村風景が統一されていて美しいのは、その土地で切り出された石の色が決まっているからである。

「新しい」ものは「おいしい」

日本人の「新し物」好きは止むにやまれぬ部分もある。

日本では、食材の鮮度が求められる。野菜や魚は新しい方が良い。これは当たり前である。高温多湿な日本では、腐ったり傷んだりしてしまう。だから、新しい方が良いのである。

一方、肉やチーズは熟成した方が良いと言われる。気温の低いヨーロッパでは、発酵が遅い。じっくりと時間を掛けた方がおいしくなるのである。

しかし、日本では何が何でも新しい方が良いという風潮もある。たとえば、お茶は熟成した方がおいしい。しかし、日本では「新茶」の若葉のような香りが好まれる。ヨーロッパのワインも古ければ古いほど価値があるが、日本酒は「新酒」の方が人気だ。

新米や新そばという言葉もある。新米は白米の中に少しくらい未熟な緑色の米がある方が人気があるという。蕎麦も熟成した方がおいしいと言われるが、早く出回ったものを食べるのが「粋」というものだ。そう言えば、初鰹や初鮭など初物も重んじられる。これも、日本人の新しもの好きゆえだろう。

植物資源は再利用できる

昔の日本では、衣食住のありとあらゆるものを植物から作った。

植物で作ったものは傷む。ましてや、日本は高温多湿だから、傷むのも早い。しかし、豊富な植物資源を使って常に新しいものに更新することができる。

そのため、日本では古くなったものを新しいものと取り替える。

植物の少ないヨーロッパでは、靴は家畜の皮で作った。動物の皮は、古くなるほど柔らかくなり、使いやすくなる。そのため、靴磨きをしてメンテナンスをしながら長く履き続けたのである。

一方、日本の履物であるわらじは、藁でできている。藁はイネの茎である。わらじはすぐに擦り切れてしまう。そのため、東海道を旅する旅人は、一日に何足もわらじを履き替えたと言う。そして、古いわらじは捨てていったのだ。もっとも、古いわらじも藁なので、捨てられたわらじは、近隣の農家が持ち帰って肥料に利用した。植物は捨てられても資源である。ゴミではなかったのだ。

割り箸も日本人の新しもの好き文化を象徴する品物である。割って初めて使うことのできる箸は、その箸が新しいものであることの証明だった。そして、ハレの日や大切な客人には新しい割り箸を出したのである。

新年を迎える門松や注連縄は、毎年、新しいものに作り替える。また、祭りに使った神輿などは、もともとは川や海へ流して、毎年新しいものに作り替えた。

こうして日本人は古くなったものを捨てて、新しいものに取り替えていったのである。

残念ながら、このような日本人の新し物好きは、現在の使い捨て文化の基層となっているかも知れない。しかし、昔の人々が使い捨てていたのは、捨てても土となり、また何度でも生えてくる植物であり、持続的に再利用できる資源なのである。

変化を楽しむ力

日本人が新しもの好きということはない、日本人は昔から古いものを大切にしてきたではないか、という意見もあるだろう。

確かにそうである。もちろん、日本人はすべてのものを新しくしてきたわけではない。しかし、日本人は古いものを守りながらも、「変化」することを尊んできた。

たとえば、焼き物の萩焼は、長く使い込むほどに色が変化していく。床の間の床柱も、年季を経てだんだんと美しさを増してくる。漆器も使い込むと独特の風合いが出てくる。この変化こそが日本人の好む味わいである。

このように、時間を経るうちに、新しいものに生まれ変わっていくものを日本人は愛したのである。

日本人は変化を楽しむことができる国民なのだ。

それでは、日本人にとって「変化」とは何なのか。いよいよ日本人の本質に迫ってみることにしよう。

日本人がせっかちな理由

電車が遅れるといらつく日本人

日本では電車が時刻通りに運行される。

当たり前のように思えるが、これは世界ではとても珍しいことである。

時間通り運行する日本の技術もさることながら、これには日本人の性格も影響しているだろう。

電車が五分も遅れれば、アナウンスが流れ、電車の遅延を詫びる。これは、いらつく人がいるからなのだ。

山手線などは、数分も待てば、次の電車がやってくるのに、それさえ待つこともできずに、階段を駆け上がり、駆け込み乗車をする。

「せまい日本、そんなに急いでどこへ行く」という標語が昔あったが、まさにそのとおりだ。

とにかく日本人は待つことができない。電車が遅れれば、駅員に文句を言って、詰め寄る人が現れる。

しかし、欧米は違う。

大陸的と言ってしまえば、それまでだが、欧米では電車が一時間くらい遅れたくらいでは、誰も動じない。いらついているのは、日本人の私くらいのものだ。

とかく日本人はせっかちである。

何もしないということは、日本人には拷問に近い。何週間もバカンスを取れば、日本人は全部予定で埋めてしまうことだろう。

たまに休みをとって旅に出ても、一か所でも多く観光をしようと、忙しく名所を巡る。

どうして日本人は、こんなにも「せっかち」なのだろうか。

めまぐるしく変化する日本の自然

日本の自然は変化する。

日本ほど四季の変化の大きい国はない。

日本は大陸の東端にある島国である。そのため、大陸の気候と海の気候の両方の影響を受ける。

日本の北側の大陸には冷たくて乾燥したシベリア気団があり、北側の海の上には、湿ったオホーツク海気団がある。そして、南側には暖かく乾いた揚子江気団があり、南側の海の上には湿った太平洋気団があるのである。

その複雑な気団の影響を受けながら、日本には季節風が吹きつける。そして、冬には大陸から北西の風が吹き、逆に夏には南東の風が吹くのである。この季節風の違いによって、夏には暖かく湿った季節風が、高温多湿の気候を作り、冬には北西の風が日本海側に大雪を降らせ、太平洋側は乾燥した天候になる。そして、冬と夏の間には、気団が移り変わり、梅雨前線や秋雨前線を作る。

こうして季節風が変化し、気団が移り変わることによって春夏秋冬の変化がはっきりするのである。

しかも季節の変化が大きいということは、変化のスピードが速く、目まぐるしく移り変わっていくということである。

日本人が待ち焦がれる桜の開花も、瞬く間に満開となり、やがて散ってしまう。お花見を楽しめる期間はほんのわずかなのである。

こうして、日本の季節は日々、移り変わっていくのである。

雑草もまたせっかちである

季節の移り変わりが激しいばかりか、高温多湿で植物の生育に適した日本では、植物は見る見る成長し、そして枯れて朽ちていく。日本人の変化を見る目が鋭敏になったのも当然である。

しかし、変化していくのは、優雅な季節の風景だけではない。

日本では、雑草もまた生育が旺盛である。一日一日伸びていき、あっという間に生い茂ってしまう。

それに成長力旺盛な雑草がわれわれを取り巻いている。せっせと取り除かないと、田んならない。

ぼや畑が征服されてしまう。雑草はすぐに伸びてしまうから、少しでも早く取らなければ

今日、草取りをしなければ明日には雑草が伸びてしまう。一週間もすれば雑草が伸びて

大変なことになる。雑草は待ってくれないのだ。とても悠長に過ごすことはできない。

これでは日本人が「せっかち」になるのも無理はない。

せっかちなのは、目まぐるしく変わる変化に対応するためであるし、何が起こるかわか

らない予測不能な変化の中で培われてきた気質でもある。

それに、雑草もまたせっかちである。

雑草は予測不能な環境に生きる植物である。いつ耕されるかもわからないし、いつ草取

りをされるかもわからない。

そのような変化に対応するために、多くの雑草が共通してもっている特徴がある。

それは、開花までの成長が早いということである。

明日、何が起きるかわからない環境では、のんびりじっくりと成長している暇はない。

一気に成長して花を咲かせて種子を残さなければ、命をつなぐことができないのである。

そのため、雑草は成長が早いのだ。

人間が草取りをすればするほど、より成長が早く、早く花を咲かせる個体が生き残るよ

うになる。つまりは、人間が成長の早い雑草を選抜しているようなものだ。

こうして、せっかちな雑草の成長がせっかちな日本人を作り、せっかちな日本人の草取りがさらにせっかちな雑草を発達させていったのである。

不安定さに価値を見出した

松尾芭蕉は「夏草や兵（つわもの）どもが夢の跡」と詠んだ。

日本は雑草の生育が早い。

栄華を誇った都も、やがて雑草が生い茂り、荒れ果てる。人々が血を流した戦場も、雑草が覆い、緑の大地となる。

花は咲き、花は散る。草は生い茂り、風景を変貌させていく。

日本の自然は常に変化していく。そして、風景もまた変化していく。二度と同じ時が戻ってくることはない。日本の自然や風景も眺めていれば、そのことは肌でわかる。

松尾芭蕉は夏草に、時が移り人の世が変化していく様を見た。そして、人の世のはかなさを詠んだのである。

常に変化していく自然。そんな自然を見たときに、人々は刹那を感じずにいられない。

「今」の大切さを感じずにいられない。

日本人は、豊かな自然の一部を切り取って文化を作り上げたように、変化する時間もまた切り取った。

茶道や華道では季節感を大切にして、季節を先取りした花を飾る。そして、四季の移り変わりを愛し、季節を愛することを尊んだのである。そして、「一期一会」という瞬間の出会いを大切にし、花の時期が短い桜を愛した。

日本人は安定ではなく、変化する不安定さの中に価値を見出してきたのである。

仏教では、「諸行無常」と説く。

「諸行無常」とは、「この世に形あるすべてのものは、同じ状態を保っていない。不定であり、たえず変化している」という意味である。

この教えは、日本人にとっては、決して難しい話ではない。自然の中に生きる日本人が、日々、感じてきたことだったはずである。

外からの変化を受け入れてきた日本人

日本人は閉鎖的であると言われる。

日本人は小さな島国で二〇〇〇年以上も鎖国を続け、狭いムラ社会の中で先祖伝来の土地を耕し続けてきた。そんな日本人は、変化を好まない民族であると言われる。

現在でも、日本人は保守的だ。自ら動くことはなく、外国から外圧を掛けられると、やっと重い腰を上げて変えていく。

しかし、日本人は本当に変化を好まないのだろうか。

自ら進んで変革を起こすことは少ないかも知れないが、日本は、外から来る変化を進んで受け入れることによって発展を遂げてきた。

有史以来、大陸の文化を受け入れてきた。稲作も受け入れたし、仏教も儒教も受け入れた。

そして、明治維新以降は、西洋の文化を積極的に取り入れ、近代化を図ってきた。本書でも西洋と東洋は、根本からまったく異なると論じてきた。しかし、日本はその異質な西洋の文化や西洋の考え方を大きな混乱なく取り入れて、短い期間で西洋風の近代国家を作り上げたのである。

太平洋戦争後は、敵国であったはずのアメリカの文化さえ抵抗なく取り入れていった。

日本人は変化を恐れない。むしろ変化を受け入れることによって発展を遂げてきた国民と言えるだろう。

大きな変化を乗り越える

そして、日本人にとっては身近にある大きな変化がある。

「天災」である。

日本は災害の多い国である。一寸先は闇、いつ何が起こるかわからない。とてもゆっくりと休んでいる暇はないのだ。

そんな危機感は、日本人をますます「せっかち」にさせたかも知れない。

日本人は生き急いでいると言われるかも知れない。しかし、常に生存の危機に怯えながら、一瞬一瞬を大切に生きてきたのである。

しかし、である。

大きな変化である天災が起きたとき、日本人は強さを発揮する。

東日本大震災のときに、日本人はパニックを起こすこともなく、秩序を保ち長い列を作った。

五分の電車の遅れが待てなかった人々が、いざ災害となれば、長い行列を作り、じっと救援物資を待ち続ける。

日本人は一瞬の時間も惜しむが、いざ天災となれば動じない。これが災害大国に住み、災害を乗り越えてきた日本人が培ってきた気質である。

「江戸っ子」は、気が短い気性だったと言われている。江戸は、大雨や地震などの天災以外にも、木造家屋が密集していて火事という人災も頻繁に起こった。まさに、何が起こるかわからない状況だったのである。

江戸っ子は「宵越しの銭は持たない」と言われるほどの、刹那的な生活を送っていた。ずいぶん破天荒な暮らしにも思えるが、明日になれば、災害で何もかもなくなるかも知れないということを考えれば、今日の財産を今日使うことは極めて合理的な考え方でもある。まさに昔の人々の知恵とも言えるだろう。こうして、日本人は刹那に、「今」を大切に生きてきたのである。

しかし、そんな江戸っ子たちが見せる、災害に対する沈着さと、わずか数日で家を建ててしまう復興の早さは、幕末に日本を訪れた西洋人を驚かせた。

日本は災害の多い国である。しかし、それだけ日本人は災害に強い国民でもあるのである。

「変化」は日本人を作り上げてきた重要な要素である。

そして、そんな日本人の姿は、まさに「雑草の生き方」そのものであると、私は思う。

日本人は雑草に似ている。そして、雑草は日本人によく似ている。

それでは、雑草と呼ばれる植物は、いったいどんな性質をもっているのか、雑草の生き方を見てみることにしよう。

第三章

雑草文化論

雑草は「弱さの強さ」をもつ

「日本人論」好きの日本人

多数の「日本人論」や「日本文化論」があるように、日本人ほど海外と日本を比較するのが好きな国民も珍しいと言われている。

元より本書もその一部を占めるものだが、筆者があえて日本人を論ずるとすれば、こう言うことができるだろう。

日本人は、「雑草」とよく似ている。これが私の結論である。

強者を超える雑草という植物

「日本人は雑草によく似ている」。そう言われてもピンと来ないことだろう。日本人と雑草の特徴を比べる前に、まずは、雑草がどのような植物なのかを知ることにしよう。雑草と聞いたときに、読者はどのようなイメージをもつだろうか。草取りに悩まされている人にとっては「やっかいでしつこい」という印象が強いだろう。あるいは、「たくましい」と好意的なイメージをもたれる方もいるかも知れない。いずれにしても、「雑草は強い」というのが、多くの人の共通したイメージではないだろうか。

しかし、植物学の分野では、雑草は強い植物であるとはされていない。むしろ弱い植物であるとされているのである。

弱い植物である雑草が、どうして強く生きているのか。強さとは何か。

これが本稿のテーマである。

雑草が弱いというのは、競争に弱いのである。

自然界では激しい生存競争が繰り広げられている。強い者が生き残り、弱い者が滅んでいく、これが自然界の厳しい掟である。

雑草は強い植物が生えているところでは、生存することができない。豊かな森の中は、植物が生存するのには適した場所である。しかし同時に、そこは激しい競争の場でもある。そのため、競争に弱い雑草は深い森の中に生えることができないのである。

雑草は強い植物が生えない場所を選んで生えている。

雑草は、何気なく、どこにでも生えているような感じがするかもしれないが、そんなことはない。

よく人に踏まれる道ばたや、耕したり、草取りをされる畑のような環境は、植物にとっては相当に特殊で過酷な環境である。このような場所は強い植物が生えることはできない。あるいは、もし生えたとしても、強い植物はその強さを発揮することができないだろう。

雑草はそのような場所に生える。強い植物が生えることのできないような環境に適応して、特殊な進化を遂げた植物、それが「雑草」なのである。

日本人の「判官びいき」

誤解を恐れずに言うとすれば、日本人は弱者を愛する国民である。

日本には「判官(ほうがん)びいき」という言葉がある。

判官とは、九郎判官すなわち、源義経のことである。

源平の戦いで武功を上げながら、その功績を認められず悲運の死を遂げた源義経は、古くから日本人に愛されてきた。そして、源義経のような弱い立場の者に同情し、応援する傾向が日本人にはあるのである。

高校野球を見るときも、郷土のチームや贔屓チームでなければ、とりあえずは負けている方を応援しがちである。そして、負けているチームのあきらめない姿に心を打たれ、奇跡の逆転劇を願うのである。勝負が決まれば、日本人は敗者に、惜しみない拍手を送る。

ともすれば、日本人の多くがメディアを挙げて弱小高校を応援し、強豪チームがあたかも悪者の敵役であるかのように仕立てられてしまうことも多い。

本当は、勝者こそが称えられるべきヒーローなのである。強いチームは、弱いチームよりも厳しい練習を乗り越えてきたから勝利をあげたのかも知れないし、野球エリートたちが全国から集まったチームだとすれば、それこそ、小さいころから野球漬けの日々を送ってきた少年たちが、厳しい競争の中で苦しみ、もがきながら成し遂げた勝利なのかも知れない。

そうとわかっても敗者へ思いが傾きがちなのが日本人である。

ヒーローを愛するアメリカや、英雄や権威を重んじるヨーロッパの国々であれば、間違いなく勝者に最大限の賛辞を送ることだろう。しかし、日本人は、なぜか敗者たちに、勝者以上の拍手を送ってしまうのである。

小よく大を制す

もちろん、源義経は一度は勝者になっているし、甲子園出場チームは地方予選を勝ち上がってきた強豪である。ただ弱いから応援するというものではない。

日本には、「小よく大を制す」という言葉がある。

大相撲などでは、小兵（こひょう）の力士が、巨漢の力士を破れば、拍手喝采だ。柔道や空手でも、小柄な人が、大男を投げ飛ばしたり、倒したりするのが醍醐味である。巨漢の力士も大男の柔道家や空手家も、勝負に掛ける情熱や努力は、小さい人に劣らない。むしろ、トレーニングを積み、努力して大きな体を手に入れたのかも知れない。

しかし、日本人には、そんなことはどうでも良い。大きい者が強くて勝つというのは、当たり前である。一見弱そうに見える小さいものが本当は強いというのが、日本人の大好きな構図なのだ。

日本人が愛する「強さ」は、体が大きく筋肉隆々で「いかにも強そう」という「強さ」ではない。

小さい体が、技を繰り出し、いかにも強そうな巨大な敵を投げ飛ばすのが、日本人の好きな「強さ」なのである。

判官びいきの語源となった源義経も小柄ながら大男の武蔵坊弁慶をひらりとかわしてやっつけた。また、源平の合戦では、鮮やかな奇策を繰り出しては、大軍の平家を退けた。しかし、それでも義経は、強大な権力をもつ源頼朝の前では無力であった。そして、悲運の死を遂げるのである。

日本人はそんな「弱者の強さ」を好むのだ。

あるいは、ケガを負った主人公が、そのハンディキャップを乗り越えて勝利する姿に、日本人は感動する。そもそもケガをしてしまうことは、すでに強くないということかも知れないし、自己管理のなさなのかも知れないが、そんなことは関係ない。主人公が、ケガを負うことなく簡単に勝ってしまったのでは興味がない。困難を乗り越える強さこそが、日本人の好きな「強さ」なのだ。

このように日本では、単純な強者の「強さ」ではなく、弱いものがさまざまな苦難を乗り越えて勝利をつかむ複雑な「強さ」に魅了されるのである。

雑草を家紋にする

雑草を家紋にしている例がある。

日本五代紋の一つに「かたばみ紋」と呼ばれるものがある。

かたばみ紋は、ハートを三つ組み合わせたようなデザインで、均整の取れた美しい家紋である。

このかたばみ紋は、古くから人気の高い家紋で、特に、戦国武将が好んで用いていた。

しかし、不思議なことがある。

かたばみ紋のモチーフとなったカタバミという植物は、わずか数センチの小さな花を咲かせる雑草である。しかもカタバミは、草取りをしても、種子を播き散らして増えていくやっかいな雑草である。

家の格を重んじ、血縁を大切にした戦国武将にとって、家のシンボルである家紋はとても大切なものである。それなのに、どうして取るに足らない嫌われ者を家紋にしたのだろうか。しかも、その家紋が、人気があったというのだから、本当に不思議である。

戦国武将にとって、もっとも大切なことは戦に勝つことではなく、厳しい戦国の世をしぶとく生き抜くことである。そして、家を絶やすことなく存続させることにある。カタバミは、小さな雑草ながら、抜かれても抜かれても、しぶとく種を残して広がっていく。戦国武将たちは、そのカタバミに家の存続と子孫繁栄の願いを重ねたのである。

田んぼの雑草のオモダカも戦国武将に人気の家紋であった。その葉の形が矢じりに似ていることから「勝ち草」と呼ばれていたのである。しかし、コメの大切な昔に、田んぼの雑草を縁起が良いという発想はすごい。

さらには「屋根にぺんぺん草（ナズナのこと）が生える」とか、「～が通った後はぺんぺん草も生えない」と馬鹿にされるぺんぺん草さえ、戦国武将に人気の家紋であった。日本人は、他愛もなく思える小さな雑草に「強さ」を見出していたのである。

小さな植物を愛した日本人

日本の家紋は、植物をモチーフとしたものが多い。

日本人はことさら家を大切にする。そして、家紋はその家のシンボルである。もっと強そうで立派なモチーフを選んでも良さそうなものである。

ヨーロッパの紋章を見ると、ワシやドラゴン、ライオン、ペガサス、ユニコーンなど、いかにも強そうな生物がモチーフとなっている。また、アメリカ合衆国の国章はハクトウワシだし、イギリスの国章にはライオンとユニコーンが描かれている。

もちろん、西洋でも植物が図案として用いられることはある。ただし、ヨーロッパの王家は、高貴で気高い花を紋章に使う。たとえば、ルイ王家の紋章はユリの花であるし、フランス王家ではアヤメの花の紋章も用いられる。また、イギリス王家の紋章はバラの花である。

これに対して、日本人は王族である皇族の紋章は「キク」である。また、三〇〇年にわたって将軍家であった徳川家の家紋は、「三つ葉葵」だった。この三つ葉葵のモチーフは、林の地面に生えるフタバアオイという地味で目立たない植物である。

日本にだってクマやタカなど強そうな生きものはいるし、獅子や虎を使ってもいい。鬼でも龍でも強そうなモチーフはたくさんある。それでも、日本人は、家紋では小さな植物をシンボルとしているのである。

見るからに強そうな生きものではなく、ひっそりと咲く植物に、日本人は、強さを見出していた。

「強さ」とは何か、昔の人たちは、現代のわれわれよりずっとよくわかっていたのかも知れない。

雑草は逆境に強い

弱いチームが勝つ条件

雑草は弱い植物である。

弱い植物が強い植物に勝てる条件があるとすれば、どんな条件だろう。

たとえば、野球の試合を考えてみよう。

強いチームとして、常に甲子園に出場する強豪校を考えてみよう。一方、弱いチームとして地区で優勝するかどうかという高校チームを充ててみよう。

読者のみなさんがもし、弱小高校のコーチだったとしたら、どのような試合条件を望むだろうか。

舞台は高校球児のあこがれの甲子園、美しい天然芝のグラウンドである。風もなく、空は晴れ渡り、絶好の野球日和である。スタンドの観客も満員だ。こんな恵まれた環境で野球ができたとしたら、高校生にとっては最高の舞台だろう。

しかし、である。残念ながら最高の舞台で試合をしたとすれば、弱小高が勝つことは難しい。条件が良い場合には、強豪校が実力を出しきって、実力通りの結果に終わってしまうだろう。

それでは、条件が悪い場合を考えてみよう。

舞台は、石ころだらけ、水たまりだらけの河川敷のグラウンドである。天気は土砂降りでボールもよく見えない。風も吹きつけてボールがどこへ流されるかわからない。審判もレベルが低くて、誤審をくりかえしてくれればありがたい。

こんな劣悪な条件で試合をしたいとは、誰も思わない。しかし、こういう条件ならどちらが勝つかわからない。番狂わせが起こるとすれば、えてしてこういうときである。むしろ、弱小高校生たちが練習場所に恵まれずに、いつも石ころだらけ、水たまりだらけのグラウンドで練習を積んでいたとしたら、どうだろう。試合の有利不利は逆になるかも知れない。

いや、強豪校は選手の怪我を心配して、不戦敗にしてほしいと向こうから言い出してくるのでないだろうか。

逆境こそ望むところ

あえて劣悪な環境を選び、実力差を紛らわせる。ときに将棋の対局でそんな戦い方が見られる。

将棋では、「紛れを求める」という言い方をする。あえて相手の読みを外すような手を指して、局面を複雑にするのである。もちろん、そのような手が最善手であることはない。しかし、局面が単純化して、お互いが最善手を指し続けたとしたら、どうだろう。局面の優劣が逆転することはなく、優勢な方が勝ちを収めることだろう。劣勢な方は、それではいけない。局面が紛れて複雑化すれば、自分も大変である。しかし、そういう劣悪な状況にこそ逆転の要素が見えてくる。

逆境こそが、弱者が望むところである。

弱い植物である雑草の戦略を端的に示すとすれば、「逆境を味方につける」の一言に尽きる。

雑草はマイナスをプラスに変える

雑草は逆境を利用して、自らの力に変える特性をもっている。

たとえば、オオバコという雑草がある。オオバコは踏まれる場所に生える雑草である。しかし、オオバコにとっては踏まれることは、耐えるべきことでも、克服すべきことでもない。オオバコの種子は、水に濡れると粘着物質を出して、くっつきやすくなる。そして、靴の裏や、車のタイヤにくっついて運ばれていくのである。

タンポポが種子を風に乗せて遠くへ運ぶように、オオバコは踏まれることで種子を遠くへ運ぶ。オオバコは踏まれることを利用して、分布を広げていく。踏まれることは、雑草にとってもいやなことである。しかし、オオバコは踏まれなければ困ってしまうほどまでに、踏まれることを逆手に取っているのである。

草取りをされる場所の雑草は、草取りで逆に種子をバラバラと落として増える。そして、草取りをした後には、土の中に眠っていた雑草の種子が芽を出すのである。まさに雑草にとっての草取りは、チャンスでもあるのだ。

草刈りをされる場所の雑草は、草刈りのダメージが少ない低い姿で草刈りをやり過ごす。

そして、上へ上へと伸びていた目障りなライバルたちが草刈りで排除されれば、空いている土地へと茎を伸ばしたり、種子を散布して、縄張りを拡大していくのである。草刈りに強い雑草にとって、ライバルを蹴落としてくれる人間を、ずいぶんとありがたい存在だと思っているだろう。

耕される場所に生える雑草は、耕されることで茎や根が、ずたずたに切り裂かれる。しかし、細かくなった断片から再び、根を再生し、結果としては、数を増やしてしまうのである。

人間にとっては、まさにやっかいな存在である。

しかし、逆境を味方に変える雑草の生き方には、学ぶべきことも多いだろう。

雑草にとって逆境は、耐えなければならないものでもないし、克服しなければならないものでもない。

ピンチはチャンスの言葉どおり、雑草は逆境を味方につけて自らの力としてしまうのである。

日本には「雑草魂」という言葉がある。

もちろん、昔の人たちがこのような雑草の戦略まで観察していたとは思えない。

しかし、抜いても抜いても生えてくる雑草の生き方に「強さ」を感じていたのだろう。

そして、日本人もまた、多くの逆境を乗り越えてきた。

梅雨の集中豪雨や台風は、洪水ばかりか、土砂崩れも引き起こす。冬になれば日本海側は豪雪となる。火山の噴火や地震もある。

しかし、災害を受けるたびに、日本人は辛抱強くそれを乗り越えて復旧をくりかえしてきたのである。そして、逆境を力に変えて発展を遂げてきたのである。

雑草の「戦わない戦略」

日本のタンポポは戦わない

タンポポには、昔から日本にある在来の日本タンポポと、明治以降に海外から侵入した西洋タンポポの大きく二種類があることが知られている。

日本タンポポの戦略は、いかにも日本人的である。日本の四季を知り、季節に合わせて変化をするのである。

日本タンポポの戦略を紹介しよう。

日本の季節を知るタンポポは、春に花を咲かせる。一方、日本の季節を知らない西洋タンポポは、春夏秋冬の一年中、花を咲かせる。そして、次から次へと種子を残していくのである。

それでは、日本タンポポと西洋タンポポとでは、どちらが有利だろうか。

日本のタンポポは春にしか咲かないが、これには理由がある。夏になれば、高温多湿な日本では、雑草が生い茂ってしまう。日本タンポポは、弱いとされる雑草の中でも、さらに弱い植物である。そのため、草が生い茂った中では、光を受けることができず生存できないのである。そのため日本タンポポは、他の植物が伸びてくる前に、花を咲かせて種子を残してしまうのである。そして、夏になると日本タンポポは自ら根だけを残して枯れてしまう。つまり、夏に生えてくる雑草との戦いを避けているのである。

一方、西洋タンポポはヨーロッパ原産の植物である。自生地は、放っておいても草地になるような環境である。そのため、季節を問わず花を咲かせるのである。

しかし、日本ではそうはいかない。夏になれば他の雑草が生い茂る中で、西洋タンポポは花を咲かせようとする。そのため、戦いに敗れて枯れてしまうのである。

日本タンポポの戦略は、「戦わない戦略」であると言っていい。生き残る上で、「戦わないこと」はとても大切な戦法なのだ。

強いものとは戦わない日本の生き物

競争の厳しい自然界では、負けることは「死」を意味する。強い敵とは戦わない。厳しい自然界を生き抜く上で戦わないことは、とても重要である。

タンポポ以外にも戦わない日本の生物がいる。ミツバチである。

ミツバチも、古くから日本にいる日本ミツバチと、海外からもたらされた西洋ミツバチとがいる。

ミツバチの天敵にスズメバチがいる。スズメバチは日本原産であるが、世界最大のハチである。まともに戦っても勝てる相手ではない。

西洋ミツバチは日本ミツバチよりも体が大きく、攻撃能力が高い。しかし、西洋ミツバチはスズメバチとの戦い方を知らないので、正面から力と力の勝負をしてしまう。そのため、スズメバチに巣が全滅させられてしまうのである。

一方、日本ミツバチの戦い方は巧みである。スズメバチは、最初、偵察部隊がやってくる。日本ミツバチは、この偵察のハチを誘い込むと、一匹のスズメバチを、たくさんの日本ミツバチで取り囲む。そして、スズメバチを熱死させてしまうのである。しかし、それは数匹の偵察部隊に対してである。

もし、スズメバチの大群が大挙して押し寄せてきたらどうなるだろう。日本ミツバチは、あろうことか大切な巣を捨てて、逃げてしまうのである。

あまりに情けないような気がするかも知れない。しかし、西洋ミツバチは全滅してしまうが、巣を捨てて逃げた日本ミツバチは、巣を再建することができる。そして、最後に生き残るのは、日本ミツバチなのである。

日本は自然が豊かな国である。豊かな自然では、多くの生き物たちが激しい生存競争を繰り広げている。その日本の自然の中で進化を遂げた日本タンポポや日本ミツバチは「戦わない」という戦略を作り出した。

それは、まさに強大な自然と戦わなかった日本人の姿を思わせる。

雑草は「変化」を生きる糧とする

「強い者とは戦わない」

強い者との戦いを避ける日本のタンポポやミツバチの戦略は、雑草の戦略にも通ずる。

雑草は弱い、だから強い植物とは戦わないのである。

これは自然が豊かで、ライバルや敵の多い日本の風土の中で、特に磨かれていった戦術であろう。

しかし、ずっと逃げているわけにもいかない。自然界を生き抜くためには、どこかで勝負しなければならないのだ。

それでは、どこで勝負をするのか。これが自然界を生き抜くすべての生き物たちにとって、もっとも重要なことである。

雑草は強い植物とは戦わない。

それでは雑草は、いったい何と戦うというのだろうか。

それこそが、日本人にとっても重要なキーワードである「変化」なのである。

雑草は変化を好機とする

植物のCSR戦略

植物の成功戦略には、三つの戦略型があると言われている。

この三つの戦略型は「CSR戦略」と呼ばれている。すなわち、Cという戦略とSという戦略、Rという戦略の三つがあるとされているのである。

Cタイプは競合型である。Cタイプは、競争を意味する「Competitive」の頭文字を取っている。Cタイプは競争や競合に強い。いわゆる「強い植物」である。

しかし、強い植物だけが成功するかと言えば、そうでもないところが自然界の面白いところである。じつは自然界には、Cタイプが力を発揮できないような状況も多いのである。

Cタイプが力を発揮できない場所で、成功するのがSタイプとRタイプである。

Sタイプは「Stress tolerance」である。これはストレス耐性型と呼ばれている。このタイプは過酷な環境下に生育する植物である。植物にとっての「ストレス」とは、生息に不適な環境である。たとえば水がないという乾燥条件や光が当たらないという被蔭条件や、気温が低いという寒冷な環境がストレスとなる。Sタイプは、このストレスにめっぽう強いのである。たとえば、砂漠に生えるサボテンや氷雪に耐える高山植物がSタイプの例である。じっと我慢の「忍耐タイプ」なのである。

そしてRタイプは、「Ruderal」である。Ruderalは「荒地に生きる」という意味だが、日本語では「攪乱耐性型」と呼ばれている。攪乱というのは、「かき乱すこと」を言う。つまりは、予測不能な変化である。R対応は、変化の激しい環境に適応しているのである。何が起こるかわからないという予測不能な条件のもとであれば、競合型のCタイプはとてもゆっくりと体を大きくしたり、競争している余裕がないのだ。Sタイプもじっとしているだけで、即応の戦略となりえない。

もっとも、すべての植物がこのいずれかのタイプに分けられるというわけではなく、すべての植物がこの三つの要素をもちながら、それぞれの戦略を組み立てていると考えられている。

そして、雑草は、この変化に強いRタイプの要素を強くもっているとされているのである。

「攪乱」を選んだ植物

逆境をプラスに変える。それが雑草の基本戦略である。

そして、植物にとって最大の難関の逆境とは、「攪乱」である。

平穏な安定した植物の生息環境が、ある日突然掻き乱される。これが攪乱である。

自然界であれば、洪水や山火事、土砂崩れなどの天変地異が攪乱の一例である。

雑草と呼ばれる植物の祖先が生まれたのは、氷河期の終わりごろであると言われている。

氷河によって地面は削られ、氷河が溶ければ洪水が起こる。こうして、環境が変化し、他の植物が生えることのできないような不毛の土地が生まれるようになったのである。そして、こうした攪乱が起こった土地に生えるように進化をした特殊な植物が雑草だったのである。

そして、一万年ほど前になると、特殊な進化を遂げた雑草の祖先にとって劇的なチャンスが現れた。それが、人類による農耕の始まりである。

人類は森や原野を切り拓き、村や畑を作った。人類が作った村は、木々が生えない不毛の土地である。そして、人類が土を耕すことは、植物にとってはまさに「攪乱」である。人間が農耕によって作り上げた環境は、雑草の祖先に適した特殊な環境だったのである。やがて雑草の祖先は、村や田畑を生息地とするようになり、農耕が広がるにつれて、生息地を拡大していった。

人類の作り出した環境は、野生の植物にとって決して居心地の良いものではない。しかし、雑草たちは、その攪乱をチャンスと捉えて、成功していったのである。

日本人も変化に強い

「予想不能な変化に強い」。これが雑草の特徴である。

日本人もまた、「変化に強い」特徴をもつ、と私は思う。

一般的なイメージでは、保守的で変化を好まない民族であると言われる。

しかし、これまで見てきたように、日本人は地震や水害など天災のたびに立ち上がり、再起を果たしてきた。また、歴史を見ても、日本人は変化を恐れず、変化を進んで受け入れることによって発展を遂げてきた。

日本人は変化を恐れない。むしろ変化を受け入れることによって発展を遂げてきた国民と言えるのではないだろうか。

これこそが、まさに雑草の気質そのものなのである。

しなやかな強さでしなやかに勝つ

水の力を逃す堤防がある

日本の自然は強大である。それに逆らわずに、利用する。これが日本人の自然に対する考え方である。

日本では「力をかわし受け流す」という戦い方を好む。

「柔は能く剛を制し、弱は能く強を制す」という言葉がある。

たとえば、柔道や合気道では、自分の力で力任せに戦うのではなく、相手の力を利用することが重んじられる。たとえば、相手が出てくるのであれば、出てくる力を利用して引いてみる。そして、非力な者が自分の力を使わずに、相手の力を利用して投げることを最上の勝利とするのである。

このような戦い方は、日本人の自然に対する向かい方とよく似ている。

日本人の暮らしにとって、もっとも脅威となるのは、水害である。日本は雨が多く、水の豊かな国である。しかし、豊富な水は時に牙を剝き、水害をもたらす。

水害を治めるには、堤防を作るしかない。しかし、強い堤防は、それを上回る水の力を防ぐことはできない。そこで、用いられたのが「信玄堤（しんげんつつみ）」の別名を持つ霞堤（かすみてい）である。霞堤は、水害から守るために、あろうことか堤防に切れ目を入れるのである。堤防に切れ目を入れて堤防の外に力をかわすことによって、水の力を弱める。そして、氾濫した流れを川に戻して逆流させることによって、さらに水の力を弱めていくのである。

それだけではない。堤防の切れ目から、水を田畑に入れることによって、山から流れ出た養分を取り入れて肥沃な土壌を作り上げた。

まさに強大な川の流れを受け流し、さらにはその力を利用して、農業に利用してきたのである。

しなやかな強さ

『ファーブル植物記』（日高敏隆、林瑞枝訳、平凡社）に、雑草のヨシと、大きなカシの木の会話が登場する。ヨシは突風に倒れそうになったカシの木にこう語りかける。

「私はあなたほど風が怖くない。折れないように身をかがめるからね」

「柳に風」という言葉がある。カシのような大木は頑強だが、強風に耐えられずに折れてしまう。一方、細くて弱そうに見えるヨシは風になびいて折れることはない。

外からの力をかわすことは、強情に力比べをするよりもずっと強いのである。

パスカルは、「人間は弱い葦である。しかし、人間は考える葦である」と言った。ヨシは弱いものの象徴である。しかし、このヨシの強さこそが、日本人の強さではないだろうか。

雑草の強さもまた、まさにこの「しなやかな強さ」にある。

雑草は強いものとは戦わない。しかし、厳しい環境を受け流してたくましく生き残る。まさに「柔は能く剛を制す」の言葉どおりである。しなやかそうに弱そうに見えるものが、硬いものよりも強い。

これは、日本人の好きな勝ち方である。そして、この強さこそが、日本人そのものの強さである。

これまで紹介したように日本人は、強大な自然の力に逆らわずに、強大な自然の力を利用してきた。

海外の人たちから、日本人は「捉えようがない」と言われる。「何を考えているかわからない」とも揶揄される。「積極性がなく受け身である」とも陰口を叩かれる。

本質を言えば、日本人は自分から仕掛けるのではなく、相手の力を利用する勝ち方を最上とする。そして、強い力を受け流し、利用する。

日本人の強さは、まさにこの「やわらかさ」や「しなやかな強さ」にあると私は思うのである。

相手の力を利用する

「相手の力を利用する」ということが、日本人の戦い方の真髄である。

そして、その力を利用して「自在に変化できる」ことが日本人の強みである。

日本人は、新しいものを創り出す創造性に欠けると言われる。しかし、オリジナルのものをアレンジしてより良いものを創り出すという応用力に優れていると言われている。

これまで見てきた、豊かな自然の中で日本人が歩んできた歴史を、復習してみることにしよう。

砂漠のような水が少ないところでは、荒れ地を耕し、水を引いて、ゼロから何かを作り出す。

しかし、日本のように雨が降り、水が多すぎるところでは、いかに水の流れに逆らわずに制御するかが、重要となる。もしかすると日本人の応用力も、日本の豊かな自然の中で育まれていったのかも知れない。

強大な力は、自然だけではない。自然の力を利用し続けてきた日本人は、海外からやってくる強大なものを逆らうことなく、取り入れた。そして、より良いものに高めていった。

確かにオリジナルではないかも知れない。確かに受け身であるかも知れない。しかし、思えば日本の文化はそうやって作られた。

日本人の主食であるイネは、熱帯原産の作物である。そして、大陸の異文化の作物である。しかし、日本人は熱帯の稲作の技術と文化を受け入れて、四季のある日本の風土に取り入れていった。いまや、稲作は日本の食や日本の文化の根本を成すものとなっている。

仏教もまた、海外からやってきたものである。日本人は、奈良時代に、異国の宗教である仏教を取り入れた。「すべてのものに仏性がある」「すべての物事は変化し続ける」。この仏教の教えは、まさに日本人の思考の基本をなしている。

明治維新では、真逆にある西洋の文化を取り入れた。その急激な近代化は、欧米列国を驚かせたほどだ。しかも制度や技術など表層的な部分だけではなく、庶民たちは文化や風俗まで難なく受け入れた。また、第二次世界大戦後は敵国であったはずのアメリカの文化を抵抗なく受け入れ、急速に復興を果たしていった。

すごいのは、技術だけでなく、庶民たちが文化や考え方まで受け入れていることだ。節操がないと指摘する人もいるかも知れない。

しかし、何という適応能力、何という柔軟性だろう。これこそが、日本人の「しなやかな強さ」なのである。

受け入れて工夫する

日本人は、強い力には逆らわず、なびいてしまう傾向がある。

たとえば、国際関係では常に「外圧」と呼ばれる力に逆らえずに来た。強い力に逆らわない日本人の特徴は、ときに不利に働いてしまうこともある。

たとえば、オリンピックなどのスポーツの世界でも、西洋の国々はルールを変更したり、新しいルールを作ったりしようとするが、日本はそれがどんなに不利な条件であっても、何とか受け入れる。日本人は、どちらかと言うと受け身なのだ。

国際的な関係では、それは「日本人の弱さ」であると言われてしまうかも知れない。しかし、一面ではそれもまた日本人の強さであると私は思う。

外圧の中でも、日本人は経済を発展させてきたし、スポーツのルールが変更されても、日本人はそのルールに対応して成績を残してきたのだ。

日本人の変化に対応できる強さは、まさに雑草と同じである。

農業に必要なのは「あきらめる心」と「あきらめない心」

「変えられないものは受け入れる」

これが植物の生き方である。

変えられないものというのは、環境である。環境は変えることはできない。特に植物は動くことができないから、そこに根を下ろしてしまったら、そこで生きていくしかないのだ。

「受け入れる」と言うよりも、「受け入れるしかない」のだ。

常に大いなる自然の脅威にさらされてきた日本人の生き方もまさにこれに似ている。

ある農家の方が、「農業には、あきらめる心とあきらめない心が必要だ」とおっしゃっていた。

農業は自然の影響を受けやすい。雨が降らないと干ばつとなるし、雨が多すぎると水害や湿害（農作物が土壌水分過多のために受ける被害）が起こる。気温が低くても作物は育たないし、気温が高ければ害虫が大発生する。農業は、自然の恵みと自然の脅威の狭間にある営みなのである。

被害を受ければ、収量がまったくないこともある。災害によって田畑がダメになってしまうこともある。それでも人は自然には逆らうことができない。あきらめるしかないのである。

しかし、それでも祖先たちは種を播き、苗を植えることをやめなかった、とその農家の人は言う。そうして、農業は時代を超え、世代をつないで続けられてきた、だから自分たちは何があってもあきらめない、とその農家の方は言うのだ。

自然には逆らえないとあきらめる心と、それでも愚直に農業をし続けるあきらめない心、これこそが日本人が自然と向き合う中で培ってきたものだろう。

大地震もあった。津波もあった。冷害もあった。水害もあった。

長い歴史の中で、私たち日本人は、何度も打ちのめされてきた。しかし、そのたびに、そのすべてを受け入れ、日本人は何度もそれを乗り越えて発展をしてきた。

まさに、「あきらめる心とあきらめない心」である。

自然には勝つことはできない。しかし、絶対に負けないのである。

戦後の日本は、何もない焼け野原から世界が驚くような奇跡の復興を遂げた。

これも、何度も大災害を乗り越えてきた日本人だからこそ、成し遂げることができたことなのかも知れない。

雑草は「変えられるものを変える」

「変えられないものは受け入れるしかない」

これが植物の生き方である。しかし、常に変化し続ける環境を生き抜く雑草にはこの続きの哲学がある。

「変えられないものは受け入れる。そして、変えられるものを変える」

環境が変えられないとすれば、変えられるものを変えるしかない。

変えられるものとは何か、それは雑草自身である。だから雑草は、環境に合わせて自在に変化するのである。

植物が変化する力のことを「可塑性」と言う。

植物は動物に比べると可塑性が大きい。人間の大人であれば大きい人と小さい人が倍以上、背丈が違うということはない。しかし、植物は同じ種類でも大木になったり、小さな盆栽になったりする。しかし、そんな可塑性が大きい植物の中でも、雑草は可塑性が大きいと言われている。

雑草が暮らすのは、予測不能な変化が起こる環境である。何が起こるかわからないから、何が起こっても柔軟に変化する。あるときは巨大に成長したり、あるときは道路のすきまで小さいまま花を咲かせる。縦に伸びたり、横に伸びたり、まさに自由自在に変化するのである。

変化するために「不変の核」をもつ

雑草は環境に合わせて自在に変化をする。

この変化するために、必要なことは何だろうか。

変化するために大切なこと、それは「変化しないことである」と私は思う。

植物にとって、もっとも大切なことは何だろうか。それは花を咲かせて種子を残すことにある。雑草は、この種子をつけるということは、変化させない。

たとえば、老舗と言われる和菓子店は、時代に応じて少しずつ味を変えていく。それは変わらない理念があるから、それを表現するための味を変えることができるのである。守るべきは味ではなく理念である。同じ味を頑なに守っていくだけでは、変化する時代を超えて愛され続けることはできないだろう。

変化しない核があれば、核の周りの形は変化することができる。形を変化させずに守ろうとすれば、少しでも形が壊れたときに大切なものを失ってしまう。

それは雑草も人間も同じである。

エピローグ

「大きな力に逆らわず、しなやかに受け流す。そして、その逆境を力に変える」

これが雑草の戦略である。

その姿は、大きな変化を乗り越えてきた日本人の姿をまさに連想させる。

しかし、雑草と日本人を比べたときに、日本人が雑草に負けているところがある。

「雑草魂」という言葉を聞いたとき、日本人は踏まれても踏まれても立ち上がる姿を思い浮かべる。

ところが、じつはこれは誤りである。雑草は何度も踏まれると立ち上がってこない。雑草は踏まれたら立ち上がらないのである。

雑草魂と言うには、あまりにも情けないと思うかも知れない。

しかし、私はそうは思わない。雑草にとって大切なことは花を咲かせて種子を残すことである。そうであるとすれば、踏まれても踏まれても立ち上がるという無駄なことにエネルギーを使うよりも、踏まれながら花を咲かせる方が良いし、踏まれながら種子を残す方が合理的である。そのため、雑草は踏まれたら立ち上がらないのである。

「踏まれても踏まれても花を咲かせ、実を結ぶ」

これが雑草の生き方である。

種子さえ残すことができれば、後のことは何のこだわりもない。別に縦に伸びなければいけないということもないのだ。だから、雑草は縦に伸びたり、横に伸びたり、伸び方も自由自在に変化させる。

日本人はしなやかな強さで、柔軟に変化することができる。

それではいま、私たち日本人にとって「変えてはいけない大切なもの」とは何なのだろうか。

雑草を愛する日本人は、雑草たちからそう問われているような気がしてならない。

稲垣栄洋
いながき・ひでひろ
1968年静岡市生まれ。岡山大学大学院農学研究科修了。農学博士。専攻は雑草生態学。農林水産省、静岡県農林技術研究所などを経て、静岡大学大学院教授。著書は『怖くて眠れなくなる植物学』（PHP研究所）『弱者の戦略』（新潮選書）『雑草は踏まれても諦めない』（中公新書ラクレ）『キャベツにだって花が咲く』（光文社新書）など多数。

雑草が教えてくれた日本文化史
したたかな民族性の由来

2017年10月1日　初版発行

著者
稲垣栄洋

発行者
赤津孝夫

発行所
株式会社 エイアンドエフ
〒160-0022　東京都新宿区新宿6丁目27番地56号　新宿スクエア
出版部 電話 03-4578-8885

装幀
芦澤泰偉

本文デザイン
五十嵐 徹

編集
木村隆司

印刷・製本
図書印刷株式会社

Published by A&F Corporation
Printed in Japan
ISBN978-4-9907065-8-6　C0045